33 Alchemistinnen

Jette Anders

33 Alchemist innen

Die verborgene Seite einer alten Wissenschaft

VERGANGENHEITSVERLAG

Impressum

Bibliografische Informationen der Deutschen Nationalbibliothek
Die Deutsche Nationalbibliothek verzeichnet diese Publikation in der Deutschen Nationalbibliografie; detaillierte bibliografische Daten sind im Internet über http://dnb.d-nb.de abrufbar.

ISBN: 978-3-86408-204-7

Titelgestaltung, Satz und Layout: Frank Petrasch
Coverabbildung: © Anki Hoglund / Shutterstock

E-Book-Herstellung: Open Publishing GmbH

Inhaltsverzeichnis

Frauen in der Alchemie – ein Thema?

Der Klang des Wortes Alchemie ruft wohl bei jedem sofort eine Fülle von Bildern, Vorstellungen und Assoziationen hervor, die voller Widersprüchlichkeiten sind. Dem modernen und aufgeklärten Menschen werden dazu sicherlich zuerst Begriffe wie Aberglaube, Scharlatanerie, betrügerische Goldmacherei oder esoterischer Unsinn einfallen, aber es entstehen unwillkürlich auch Bilder von weisen alten Männern mit langen Bärten, die gelehrte Bücher lesen und in geheimen Laboratorien seltsame Experimente durchführen. Von den meisten Menschen wird die Alchemie als unwissenschaftlicher und gänzlich überholter Irrweg in der Kultur- und Wissenschaftsgeschichte abgetan, doch trotz aller Aufgeklärtheit löst sie auch heute noch Faszination aus, wie immer neu erscheinende historische Bestsellerromane deutlich zeigen. Die dort geschilderten Szenarien vermitteln allerdings fast immer einseitige, verzerrte oder schlichtweg falsche Bilder von der Alchemie, durch welche die schon vorhandenen Vorurteile weiter verstärkt werden. Aber was war die Alchemie nun wirklich?

Eine kurze, anschauliche und allumfassende Definition der Alchemie kann hier leider nicht dargeboten werden, denn es gibt sie nicht. In den vergangenen zwei Jahrhunderten haben sich viele Gelehrte ausführlich mit der Aufarbeitung der Alchemie befasst und dicke Bücher geschrieben, in denen sie versuchen, objektive wissenschaftliche Erklärungen für das Phänomen der Alchemie zu finden.[1] Diese Bücher enthalten viele kluge und erhellende Ausführungen, doch vermitteln sie vor allem eins: Die Alchemie war so vielseitig, facettenreich und komplex, dass eine kurze Zusammenfassung ihrer Inhalte nicht möglich ist. Ein besonders gutes, weitgreifendes und gleichzeitig leicht verständliches Überblickswerk wurde 2000 von Gebelein vorgelegt – in ihm sind alle wesentlichen Informationen kurz und bündig extrahiert, doch selbst dieses Buch umfasst noch knapp 500 Seiten. Angesichts dieser Voraussetzungen, kann hier der Versuch einer kurzen Erklärung der Alchemie also nur sehr ungenügend gelingen, soll aber dennoch unternommen werden, da ein Buch über ein so spezielles Thema ohne eine einleitende Erläuterung wenig sinnvoll ist.

Vor der Etablierung unserer modernen Wissenschaftslandschaft mit ihrer strengen Trennung von Geistes- und Naturwissenschaften gab es bereits eine Reihe von verschiedenen wissenschaftlichen Forschungsgebieten, die sich vor allem durch ihre Forschungsziele voneinander unterschieden. Eine strikte inhaltliche und methodische Definierung und damit auch Abgrenzung der Forschungsgebiete voneinander erfolgte damals jedoch nicht. Im Gegenteil. Viele Forscher des Mittelalters und der Frühen Neuzeit waren keine einseitigen Fachspezialisten, sondern Universalgelehrte, die sich nicht nur mit den unterschiedlichsten Wissenschaften befassten, sondern diese auch miteinander verknüpften. Zu diesen Universalgelehrten zählen auch einige der berühmtesten Forscher der Geschichte, wie etwa Athanasius Kircher, Leonardo da Vinci, Gottfried Wilhelm Leibniz, René Descartes, Isaac Newton oder auch Johann Wolfgang von Goethe – und alle genannten Forscher befassten sich auch mit der Alchemie. Der wesentliche Grund dafür ist, dass die Alchemie in jener Zeit als ein Forschungsgebiet galt, dessen Ziel nichts Geringeres als die

Entdeckung einer Universalformel war, die alle Wünsche erfüllen und alle Rätsel der Welt lösen konnte. Die Existenz einer solchen allumfassenden Formel erschien den universell forschenden Gelehrten durchaus plausibel und muss verständlicherweise eine große Faszination ausgeübt haben.

Diese Formel ist in der Alchemie im Laufe der Jahrhunderte zu einer konkreten Materie stilisiert worden, die als *Stein der Weisen* bezeichnet wurde. Allerdings war der Name *Stein der Weisen* dabei das einzig Konkrete, denn die Überlieferungen über Form, Konsistenz, Farbe und Eigenschaften des Steins sind so zahlreich wie die Adepten, die nach ihm suchten. Während die einen ihn konkret als Stein definierten, bezeichneten ihn andere als Elixier, die Dritten als rotes Pulver oder einfach als Substanz und die Vierten stellten ihn sich als *Lapis Philosophorum* in einem immateriellen Zustand vor. Wie auch immer der Stein auszusehen hatte, seine Herstellung war in jedem Fall kompliziert und nur durch komplexe Destillations- und andere Verarbeitungsprozesse verschiedener Materialien möglich, deren Durchführung das Vorhandensein eines umfangreich ausgestatteten Laboratoriums voraussetzte.

Ebenso verschieden wie die Vorstellungen über die Eigenschaften des *Steins der Weisen* waren auch die Ziele, welche die Alchemisten mit seiner Hilfe glaubten, erreichen zu können und die von Gesundheit, Unsterblichkeit und Reichtum (Gold) bis zum absoluten Allwissen reichten: Der Stein bot jedem Menschen die Möglichkeit einer individuellen Bedürfnisbefriedigung. Da der Hauptwunsch der meisten Menschen (nach der Erfüllung des Grundbedürfnisses Gesundheit) in Wohlstand und Reichtum liegt, ist es verständlich, dass das Ziel der meisten Alchemisten die Herstellung von Gold war. Das Interesse der Gelehrten an der Alchemie war hingegen deutlich komplexer und tiefgründiger. Ihr Ziel war es, ein ganzheitliches Erklärungsmodell für die Gesamtheit der Natur zu finden, also ein holistisches Weltverständnis zu erlangen, das alle geistigen und materiellen Vorstellungen vereinte. In dieser Lesart bot die Alchemie Raum für die unterschiedlichsten Bereiche und umfasste Naturwissenschaften und Philosophie ebenso wie Religion und Kunst.

So vielfältig wie die Ziele waren, die mithilfe der Alchemie verfolgt wurden, so konträr waren natürlich auch die Blickwinkel auf die Alchemie. Die gelehrten Alchemisten, die ernsthafte wissenschaftliche Forschungen zum Zwecke eines Erkenntnisgewinns betrieben, betrachteten die einfache Goldmacherei mit wenig Respekt und Akzeptanz. Dagegen wurde diesen Gelehrten von der Allgemeinheit häufig großes Misstrauen entgegengebracht, da ihre Forschungen für die meisten Menschen unverständlich und geheimnisumwittert waren, was nicht selten Diffamierung und Verfolgung nach sich zog. Dennoch galt die Alchemie im Mittelalter und in der Frühen Neuzeit im Großen und Ganzen als ein seriöses Forschungsgebiet, das sich vor allem im 16. und 17. Jahrhundert großer Beliebtheit erfreute. Mit dem Aufkommen der modernen exakten Wissenschaften und vor allem mit der Herausbildung der Chemie als eigenständiger Wissenschaft, verlor die Alchemie jedoch an Ansehen und Bedeutung. Die Gelehrten wandten sich nun zunehmend den neuen Wissenschaften zu, die konkretere, logisch nachvollziehbare und auch schnellere Forschungsergebnisse versprachen. Die Alchemie verlor so in wenigen Jahrzehnten ihre Seriosität, verkam schließlich zur bloßen Goldmacherei und büßte durch das Aufkommen des Papiergeldes bald auch die letzten Interessenten ein. Und so entstand schließlich jenes Bild einer bestenfalls belächelten, meistens jedoch verächtlich als Budenzauber und Scharlatanerie abgetanen Alchemie, das auch heute noch in den meisten Köpfen vorherrschend ist.

Es gibt zahlreiche Überlieferungen über die Menschen, die sich im Laufe der Jahrhunderte mit Alchemie beschäftigt haben und im 16. und 17. Jahrhundert wurden Tausende von Büchern mit alchemistischen Inhalten gedruckt, deren Menge und Vielfalt allein schon erahnen lässt, wie groß die Zahl ihrer Anhänger war. Die Fachbücher der Alchemieforschung enthalten Unmengen von Namen alchemistischer Adepten, Gelehrter, Laien, Betrüger und anderweitig Interessierter, doch Frauennamen befinden sich kaum darunter. Folgt man der einschlägigen Forschungsliteratur, dann kamen Frauen in der Alchemie praktisch nicht vor. Natürlich gab es einige wenige Ausnahmen, doch sind diese an einer Hand abzählbar.

Bei der Suche nach Frauen in der Alchemie stößt man vor allem (und oft nur) auf die Namen der legendären Alchemistinnen Maria, der Prophetin und Kleopatra. Beide Namen sind in Verbindung mit den Anfängen der Alchemie überliefert und ihre Geschichten haben eher fabulösen Charakter, der viel Raum für Spekulationen lässt. Seriöse Fakten gibt es über die beiden Frauen nicht, weshalb ihre Personen nur als vage Schemen wahrnehmbar sind. Ihre Namen lassen sich bestenfalls mit unterhaltsamen Anekdoten verknüpfen, können aber kaum als stichhaltige Belege dafür dienen, dass Frauen sich ernsthaft mit der Alchemie beschäftigt haben.

Neben diesen beiden finden sich nur wenige weitere Frauennamen in der einschlägigen Forschungsliteratur. Bemerkenswert ist, dass durch die Nennung (oder Nichtnennung) von Frauen in diesen Werken und die Art und Weise ihrer Erwähnung bewusst oder unbewusst ein bestimmtes Bild über Frauen in der Alchemie vermittelt wird. Deutlich wird dies beispielsweise durch eine vergleichende Betrachtung von fünf einschlägigen alchemistischen Übersichtswerken, die zwischen 1777 und 2000 erschienen sind. Es handelt sich um die Arbeiten von Wiegleb 1777, Gmelin 1798, Schmieder 1832, Kopp 1886 und Gebelein 2000. Diese Werke umfassen zwischen 400 und 3000 Seiten und befassen sich jeweils sehr ausführlich sowohl mit dem Thema Alchemie allgemein als auch mit zahlreichen einzelnen Alchemisten. In allen Werken werden auch Frauen erwähnt, doch ist ihre Anzahl unterschiedlich. Interessant ist dabei, dass in den älteren vier Werken die Zahl der Frauen steigt: Während Wiegleb nur eine Alchemistin erwähnt, nennt Gmelin fünf, Schmieder acht und Kopp neun Frauen (Zahlen ohne Maria und Kleopatra). Die Berücksichtigung von Frauen in den Werken scheint also mit der im Laufe der Jahrhunderte allgemein fortschreitenden Akzeptanz von Frauen in den Wissenschaften einherzugehen. Bemerkenswert ist, dass Gebelein im Jahre 2000 nur noch sechs Alchemistinnen nennt - allerdings räumt Gebelein als einziger der genannten Autoren den Frauen eine Gleichberechtigung in der Alchemie ein.[2] Interessant ist

auch, welches Bild die Autoren von den Alchemistinnen vermitteln. Die meisten der Frauen werden überhaupt nur kurz erwähnt: Entweder nur namentlich oder maximal mit einem Satz zu ihrer Person. Nähere Informationen über ihre Arbeiten finden sich nicht. Einigen Alchemistinnen werden allerdings doch längere Textpassagen gewidmet, allerdings handelt es dabei fast ausschließlich um Frauen, die von den Autoren als Betrügerinnen oder anderweitig als Negativbeispiele bewertet wurden.
Wiegleb beispielsweise nennt 1777 in seinem Werk als einzige Frau überhaupt die Kurfürstin Anna von Sachsen, macht die Ausführungen über sie aber nur, um dadurch „belegen“ zu können, dass sie keine Alchemie betrieben habe. Gmelin, der gut 20 Jahre später immerhin fünf Frauen nennt (von denen er aber eine, Dorothea Juliana Wallich, für einen Mann hält), widmet nur der angeblichen Betrügerin Anna Maria Ziegler einen längeren Text. Schmieder bezeichnet vier der acht von ihm genannten Frauen als Betrügerinnen und Kopp macht lediglich über drei der neun erwähnten Frauen längere Ausführungen: Alle drei bezichtigt er des Betrugs. Nur Gebelein verzichtet in seinem 2000 erschienen Werk auf die Nennung solcher angeblich betrügerischen Alchemistinnen überhaupt. Er widmet zwei der von ihm erwähnten Frauen, Perenelle und Susanne von Klettenberg, längere Textpassagen, allerdings finden beide Frauen nur Erwähnung, weil sie an der Seite von berühmten Männern alchemisiert haben.

Die Darstellungen der Alchemistinnen in den Überblickswerken vermitteln also nicht nur den Eindruck,

dass Frauen in der Alchemie so gut wie nicht existent waren, sondern sie zeichnen darüber hinaus ein sehr einseitiges Bild, dem zufolge die wenigen Frauen größtenteils Betrügerinnen und keinesfalls ernst zu nehmende Forscherinnen waren. Auch das jüngere Werk von Gebelein trägt nicht zu einer Revision des vorherrschenden Bildes bei, auch wenn es auf eine Negativeinschätzung verzichtet.
Dies bedeutet natürlich nicht, dass sich die Forschung in den letzten Jahrzehnten nicht mit Frauen in der Alchemie beschäftigt hätte. Wie in allen wissenschaftsgeschichtlichen Forschungsgebieten wurden in den vergangenen Jahren auch in der Alchemieforschung gezielt immer wieder Frauen thematisiert. Vor allem erschienen kürzere Aufsätze über einzelne Alchemistinnen, die das althergebrachte Bild etwas entzerren konnten.[3] Die Anzahl dieser Abhandlungen sowie der dabei untersuchten Frauen ist aber nach wie vor gering. 2013 veröffentlichte Robin L. Gordon eine wissenschaftliche Monographie über Frauen in der Alchemie und legte damit erstmals eine umfangreiche Arbeit zu dem Thema vor. Leider basiert die Arbeit fast ausschließlich auf englischsprachigen Sekundärquellen, weshalb zwangsläufig nur Frauen thematisiert werden, über die schon Arbeiten vorliegen. Darüber hinaus ist der Blickwinkel recht einseitig, denn aufgrund der sprachlichen Eingrenzung der Quellen werden die nicht englischsprachigen Regionen sehr stark vernachlässigt: Gordon thematisiert lediglich fünf Frauen aus anderen Sprachräumen, deren alchemistische Interessen aber alle schon durch die genannten Übersichtswerke und Aufsätze bekannt sind. Dadurch wird der Eindruck vermittelt, dass vor allem im engli-

schen Raum Frauen Alchemie betrieben haben, während sie im übrigen Europa nur sehr vereinzelte Ausnahmen darstellen.
Dieser Eindruck täuscht jedoch. Tatsächlich haben Frauen in weiten Teilen Europas Alchemie betrieben und ihre Kenntnisse teilweise sogar rege untereinander ausgetauscht. Leider ist die Überlieferungslage zu den Alchemistinnen sehr schwierig, was wohl ein entscheidender Grund dafür sein dürfte, dass sich bisher niemand intensiver mit ihnen beschäftigt hat. Selbst intensive Literaturrecherchen zu diesem Thema liefern so dürftige Ergebnisse, dass man zunächst tatsächlich annehmen könnte, dass es kaum Frauen in der Alchemie gab.
Die schwierige Überlieferungslage resultiert aus einer Kombination aus verschiedenen Ursachen. Eine dieser Ursachen ist die Alchemie selbst. Trotz einer breiten zeitgenössischen Akzeptanz und ihrer weiten Verbreitung behielt die Alchemie doch immer auch einen leicht anrüchigen Charakter und wurde häufig angefeindet. Der Hauptgrund dafür dürfte wohl in ihrer Geheimniskrämerei liegen: Da das echte alchemistische Fachwissen nicht öffentlich gemacht werden durfte, sondern nur den Eingeweihten vorbehalten war, führte diese bewusste Ausgrenzung der Masse natürlich zwangsläufig zu Missgunst, Misstrauen und Missverständnissen. Immer wieder kam es zu Verfolgungen und Verurteilungen von Alchemisten, weshalb viele von ihnen bevorzugten, eher im Verborgenen zu arbeiten. Gut sichtbar wird diese Vorsicht an der verhältnismäßig großen Anzahl anonym veröffentlichter alchemistischer Schriften.
Für Frauen barg das Interesse an der Alchemie aber noch größere Gefahren als für Männer. Die Beschäfti-

gung mit wissenschaftlichen Themen war bis in das 19. Jahrhundert den Männern vorbehalten. Wenn Frauen gebildet waren und wissenschaftlich forschten, wurde ihnen häufig nicht nur Misstrauen entgegen gebracht, sondern sie liefen auch Gefahr, ihren guten Ruf zu verlieren, was nicht nur ihnen, sondern auch ihren Familien erheblichen Schaden einbringen konnte. Wie negativ besonders die alchemistischen Arbeiten der Frauen eingeschätzt wurden, lässt sich schon an den zuvor geschilderten Bewertungen in den Übersichtswerken erkennen. Teilweise waren die Beurteilungen geradezu vernichtend, wie das Beispiel der Dorothea Juliana Wallich besonders deutlich zeigt. Derartige öffentliche Diffamierungen konnten nicht nur den guten Ruf in Mitleidenschaft ziehen. Auch die Gefahr einer Verfolgung war dadurch größer und wie einige der nachfolgenden Beispiele zeigen, kam es auch zu Inhaftierungen und in einem Falle sogar zur Hinrichtung einer Alchemistin. Die Summe all dieser Gefahren bewirkte, dass Frauen die Alchemie weniger expressiv betrieben als Männer, noch mehr im Verborgenen arbeiteten und auch weniger Quellen hinterließen, die uns über ihre Arbeiten Auskunft geben können.

Wie groß der Druck war, im Verborgenen arbeiten zu müssen, wird auch bei Betrachtung der alchemistischen Publikationen von Frauen deutlich. Lediglich von neun Frauen sind Veröffentlichungen bekannt und allein fünf von ihnen publizierten ihre Forschungsergebnisse anonym oder pseudonym. Für die anderen vier ist zwar eine Veröffentlichung unter ihrem richtigen Namen gesichert bzw. anzunehmen, doch wurde die Arbeit einer der Alchemistinnen möglicherweise nicht einmal von ihr

selbst, sondern eventuell erst nach ihrem Tode von ihrem Mann publiziert.[4] Damit liegen also nur noch drei Eigenveröffentlichungen von Frauen unter ihrem eigenen Namen vor.[5] Eine von ihnen ist für ihre Arbeit sogar inhaftiert worden und schließlich im Kerker gestorben. Das Schicksal der anderen beiden Alchemistinnen ist unbekannt.
Für eine Arbeit im Verborgenen hatten die Frauen also gute Gründe und die Hemmschwelle, ihre Forschungsergebnisse unter dem eigenen Namen zu veröffentlichen, war offensichtlich sehr groß. Angesichts der hohen Anonymitätsrate unter den alchemistischen Schriften generell und denen der Frauen im Besonderen ist daher vermutlich von einer vielleicht nicht unerheblichen Dunkelziffer an anonymen Veröffentlichungen von Frauen auszugehen.

Im vorliegenden Buch werden 33 Frauen vorgestellt, die sich aus teilweise sehr unterschiedlichen Gründen mit der Alchemie beschäftigt haben und belegen, dass es in Europa nicht nur vereinzelt Alchemistinnen, sondern eine ganze Reihe von Adeptinnen gab, die sich diesem faszinierenden Forschungsgebiet widmeten. Natürlich erhebt das Buch keinesfalls Anspruch auf Vollständigkeit. Tatsächlich sind die Namen vieler weiterer Frauen überliefert, die sich mit Alchemie beschäftigt haben. So arbeitete in den 1570er- und 1580er-Jahren in Böhmen beispielsweise eine Frau namens Salomena Scheinpflugová als Alchemistin. Bianca Capello, die zweite Frau von Francesco I. de Medici, experimentierte an der Seite ihres Mannes in Florenz und Sibylla von Anhalt, Herzogin von Württemberg, laborierte im 16. Jahrhundert gemeinsam mit der Apothekerin Helena Magenbuch. Andere Alchemistinnen werden in den folgenden Texten namentlich erwähnt, aber nicht einzeln porträtiert und die Namen von weiteren Frauen finden sich in verschiedenen Fachartikeln, so etwa bei Penny Bayer 2007. Weiterführende Forschungen würden also sicherlich die Schicksale Dutzender bisher nicht oder kaum bekannter Alchemistinnen ans Licht bringen.

Die vorliegende Porträtsammlung kann und will also keinesfalls eine vollständige Übersicht über Frauen in der Alchemie darstellen, aber auch keine wissenschaftliche Analyse ihrer alchemistischen Arbeiten bieten. Ziel des Buches ist vielmehr deutlich zu machen, dass zu allen Zeiten und in weiten Teilen Europas Frauen in der Alchemie vertreten waren und auch zu zeigen, welche vielseitigen Interessen sie mit der Alchemie verfolgten, welchen Gefahren sie ausgesetzt waren und wie verschieden ihre Schicksale waren.

I. Die Legendären

Der Ursprung der Alchemie reicht weit in die Geschichte zurück. Manche Forscher suchen ihren Beginn schon in biblischen Zeiten und lassen ihre Historie bereits kurz nach der Sintflut beginnen. Handschriftliche Belege für die Alchemie gibt es jedoch erst aus dem alten Ägypten und Griechenland, wie beispielsweise die berühmte Tabula Smaragdina. Sie wird Hermes Trismegistos zugeschrieben, der als Urvater der Alchemie gilt.[6]

Die meisten der alten Überlieferungen sind kaum mehr als Legenden und als solche müssen auch die wenigen Berichte über Alchemistinnen aus dieser Zeit verstanden werden. Keiner ihrer Inhalte lässt sich zweifelsfrei beweisen, doch können diese Überlieferungen eines belegen: Frauen waren schon von Beginn an in der Alchemie tätig und machten sogar entscheidende Entdeckungen.

In den Quellen zur Alchemie tauchen mehrere Frauennamen auf, zu denen sich nur sehr wenig oder gar nichts sagen lässt. So soll die ägyptische Priesterin Isis einen Brief mit alchemistischem Inhalt an ihren Sohn Horos geschrieben haben, doch ist das auch schon alles, was dazu überliefert ist.[7] Eine weitere Frau namens Medera wird von dem Alchemisten Michael Maier (1569-1622) als eine von vieren genannt, die in der Antike die Herstellung des *Steins der Weisen* beherrscht haben sollen. Dieser Name taucht allerdings in keiner anderen Quelle auf, so dass sich auch über sie nichts weiter sagen lässt.[8] Über die anderen drei von Maier genannten Frauen lassen sich hingegen ein paar mehr Sätze berichten, weshalb ihnen eigene, wenn auch sehr kurze Kapitel gewidmet werden.

Maria, die Prophetin

Als erste Alchemistin soll hier die nicht nur früheste, sondern auch berühmteste Frau vorgestellt werden, die sich mit den hermetischen Wissenschaften beschäftigt hat: Maria Prophetissa, auch als Maria die Jüdin bekannt. Fast alle alchemistischen und chemischen Übersichtswerke nennen sie und die meisten sind sich darüber einig, dass sie verschiedene, für die Alchemie bedeutsame Entdeckungen gemacht hat und großen Anteil an der Entstehung und Entwicklung der Alchemie hatte. Welche der zahlreichen Marias aus den Jahrtausenden der Geschichte die Adeptin tatsächlich war, ist allerdings kaum noch greifbar, und es gibt darüber stark voneinander abweichende Vorstellungen.

Schon in den antiken Quellen wird die Alchemistin Maria mehrfach erwähnt, so bei Olympiodoros, Stephanos, Christianos und Zosimos.[9] Vor allem Zosimos von Panopolis berichtet ausführlich über sie. Er lebte im 4. und 5. Jahrhundert und hat verschiedene alchemistische Bücher verfasst. Zosimos bezeichnet Maria als eine Schwester von Moses, womit sie irgendwann in grauer Vorzeit gelebt haben müsste. Im 9. Jahrhundert weiß Georgios Synkellos ebenfalls über eine Alchemistin Maria zu berichten, die seinen Worten zufolge allerdings zeitgleich mit Demokrit und damit im 5. bis 4. Jahrhundert v. Chr. gewirkt hat. Gemeinsam mit dem berühmten Philosophen sowie einem Mann namens Pammenes soll Maria *„zu Memphis von den Priestern in den Mysterien unterwiesen"* worden sein. Außerdem sollen alle drei Adepten *„Abhandlungen über Gold und Silber, Purpur und Edelsteine"*

verfasst haben. Während der Text des Pammenes bei den Priestern auf Kritik gestoßen ist, hätten die Ausführungen von Demokrit und Maria hingegen „*großes Lob eingeärndet, weil sie die Wahrheit gebührlich in dunkle Räthsel hüllten*".[10] Schmieder, der in seiner *Geschichte der Alchemie* ausführlich über Maria schreibt, bezweifelt allerdings die Schilderungen des Synkellos mit der Begründung: „*denn es ist gar zu unwahrscheinlich, daß die Priester ein Weib initiiert haben sollten, es müßte sie denn durch Verkleidung getäuscht haben*".[11] Einer dritten Version zufolge hat Maria irgendwann im 1. bis 3. Jahrhundert in Alexandria gewirkt, allerdings lassen sich keinerlei Belege dafür finden.
Wann und wo Maria gelebt hat, ist also unklar, sicher scheint lediglich, dass sie Jüdin war. Dies wird durch einen überlieferten Ausspruch von ihr selbst bestätigt: „*Berühre den Stein der Philosophen nicht mit Deinen Händen, denn Du gehörst nicht zu unserem Volke, Du bist nicht vom Stamme des Abraham*".[12]

In den genannten antiken Quellen gibt es verschiedene Hinweise auf die Inhalte der Schriften Marias sowie einzelne Erfindungen und mehrere Aussprüche von ihr. So findet sich bei Zosimos die Beschreibung eines Ofens zum Schmelzen verschiedener Substanzen, der eine Erfindung der Alchemistin gewesen sein soll. Die Besonderheit der Apparatur lag in seiner Doppelwandigkeit, die es ermöglichte, die Substanzen in einer Art Wasserbad langsam zu erwärmen und auf konstanter Temperatur zu halten. Dieser Ofen entwickelte sich später in der Alchemie zu einem unverzichtbaren Laborgerät und wurde allgemein als *balneum mariae* bzw. *Marienbad* bezeichnet.[13] Zosimus zufolge konstruierte Maria noch zahlreiche weitere Apparaturen zum Kochen, Brennen und Destillieren aus Metall, Ton und Glas. Besonders die Glasgefäße befand sie als nützlich, da man sehen konnte, was in ihnen vorging. Marias Beschreibungen der alchemistischen Apparaturen gelten als die ältesten Aufzeichnungen dieser Art überhaupt, weshalb sie als wegweisend für die spätere praktische Alchemie bezeichnet werden können.[14]

Der Adeptin werden außerdem mehrere alchemistische Abhandlungen zugeschrieben, allerdings ist die Anzahl der angeblichen Texte von ihr schwer überschaubar. Ferguson nennt in seiner *Bibliotheca Chemica* beispielsweise sechs Textquellen bzw. angebliche Abhandlungen Marias. Schmieder hingegen zählt nur drei Texte auf, darunter aber einen, der bei Ferguson nicht erwähnt wird und Kopp weist schließlich noch auf einen weiteren arabischen Aufsatz hin.[15] Ob Maria tatsächlich die Urheberin all dieser Texte ist, lässt sich nicht einschätzen, da es keine älteren Originalquellen gibt.

Von der Alchemistin sollen auch mehrere mystische Aussprüche stammen, u. a. der berühmte Satz: „*Zwei sind Eins, Drei und Vier sind Eins, Eins wird Zwei, zwei wird Drei*".[16] Über viele Jahrhunderte hinweg haben zahllose Alchemisten versucht, den Sinn dieses Satzes zu entschlüsseln, in der Annahme, er enthielte wichtige Hinweise in Bezug auf die Herstellung des *Steins der Weisen*. Noch im heutigen Zeitalter beschäftigen sich namhafte Denker mit dem geheimnisvollen Ausspruch und versuchen, ihn zu deuten, wie beispielsweise der Psychologe C.G. Jung: Er bezeichnet den Satz als „*Axiom der Maria Prophetissa*" und interpretiert ihn psychologisch als Kurzformel des Bewusstwerdungsprozesses.[17]

Theosebia und Paphnutia

Die Namen zweier weiterer antiker Alchemistinnen wurden uns ebenfalls durch Zosimos von Panopolis überliefert, allerdings leider nur durch ihn. Da von den alchemistischen Werken des Zosimos aber nur wenige Fragmente erhalten sind, wissen wir von den beiden Frauen auch kaum mehr als ihre Namen.

Über das alchemistische Interesse der Theosebia sind wir unterrichtet, weil Zosimos sein unter dem Titel *Cheirókmeta* verfasstes Hauptwerk dieser Frau widmete und sie darin als seine „*mystische*" Schwester bezeichnete.[18] Dieses Werk umfasste ursprünglich mindestens 28 Bücher und stellte eine enzyklopädische Gesamtdarstellung der Chemie bzw. Alchemie bis zu seiner Zeit dar. Lippmann nimmt an, dass die heute noch erhaltenen Buchfragmente lediglich Bruchstücke dieses seinerzeit berühmten Werkes sind. Unter ihnen befinden sich auch einige Texte, die allgemein als *Briefe des Zosimos an Theosebia* bezeichnet werden, da er sich in ihnen direkt an diese Frau wendet. Zosimus nennt sie in diesen Briefen seine Schwester, allerdings ist anzunehmen, dass keine familiäre, sondern eher eine geistige Verwandtschaft zwischen den beiden bestand. In seinem erhaltenen Haupttext *Imuth* bezeichnet er sie auch als „*Priesterin und Königin*"[19] – doch auch hier ist unklar, ob diese Titel wörtlich zu verstehen sind. In jedem Fall lässt sich diesen Anreden entnehmen, dass sie nicht nur eine Eingeweihte, sondern offenbar eine Meisterin des Faches war. Auch in den Texten finden sich zahlreiche Hinweise auf ihr Können sowie darauf, dass sie andere in der Alchemie unterrichtete, denn er schreibt: „*Du aber, der es bekannt ist* […] *daß das große Werk durch Nachdenken vollendet wird, hältst Deine Schüler abseits, Du unterweist sie öffentlich, ungebunden durch gegenseitige Eide*“.[20] Wer Theosebia aber nun tatsächlich war, wo sie lebte und in welcher Beziehung sie genau zu Zosimos stand, lässt sich nicht mehr rekonstruieren.

Während Theosebia dank der Widmung und der Briefe immerhin mehrfach von Zosimos erwähnt wird, fällt der Name Paphnutia deutlich seltener und vor allem: Ausschließlich in negativem Zusammenhang. In seinen Briefen warnt Zosimos seine Schwester Theosebia immer wieder vor den verschiedensten Dingen, so vor Dämonen, Gemütsschwankungen und „*Pseudoalchemisten*“.[21] Als Beispiel für letztgenannte führt er eine „*Jungfrau Paphnutia*“ an, welche er als „*ungebildete Person*“ bezeichnet, die eine falsche Alchemie praktizierte. Zosimos schreibt, dass Paphnutia für ihre Ideen ausgelacht wurde, äußert sich dazu aber nicht genauer.[22] Ob die alchemistischen Fähigkeiten Paphnutias tatsächlich so schlecht waren, lässt sich aus den wenigen Bemerkungen des Zosimos nicht schließen. Für seine Ablehnung Paphnutias kann es verschiedene Gründe gegeben haben. Ogilvie und Harvey äußern dazu, Zosimos` Abneigung ließe sich auch dadurch begründen, dass Paphnutia einer anderen Alchemieschule angehörte. Aber auch dies ist spekulativ und als Tatsache kann letztlich nur festgehalten werden, dass es irgendwann in spätantiker Zeit eine Frau namens Paphnutia gab, die sich mit der Alchemie beschäftigte.

Kleopatra

Kleopatra ist ebenso wie Maria ein großer historischer Name, der vor allem durch eine ganze Reihe von gleichnamigen Königinnen in der ägyptischen Dynastie der Ptolomäer Berühmtheit erlangte. Auch in der griechischen Mythologie taucht der Name immer wieder auf, so im Zusammenhang mit einer Schwester des Midas, und auch zwei Danaiden wurden so genannt.

Die in der Alchemie bedeutsame Kleopatra war aber weder eine der Königinnen noch in der griechischen Mythologie beheimatet, sondern lebte irgendwann zwischen dem 1. und dem 4. Jahrhundert. Der Name wurde aber auch in diesen Jahrhunderten noch sehr häufig verwendet und es sind verschiedene Kleopatras überliefert. Es ist daher unklar, welche dieser Frauen die besagte Alchemistin war oder ob es sogar mehrere Adeptinnen gab. Sicher ist, dass eine Frau namens Kleopatra ein klassisches alchemistisches Werk mit dem Titel *Chrysopoiia* (= Goldmacherei) verfasst hat, das als Kopie in einem Manuskript des 10. bis 11. Jahrhunderts überliefert ist.[23] Außerdem wird ihr Name im *Kitāb al-Fihrist* aufgeführt, einer bedeutenden arabischen Quelle für die Namen alchemistischer Autoren, die um 987 von dem schiitischen Gelehrten Ibn an-Nadīm verfasst wurde.[24] Dort wird sie als Zeitgenossin der Alchemistin Maria genannt, doch müssen letztlich alle Versuche, die beiden Frauen zeitlich einzuordnen, als unsicher eingestuft werden.

Das Manuskript *Chrysopoii* aumfasst ausführliche Schilderungen alchemistischer Prozesse zur Transmutation von Metallen sowie Beschreibungen von Destillationsapparaten, die denen der Maria sehr ähnlich sind. Welche Ursache diese Übereinstimmungen haben, ist vollkommen unklar. Die Handschrift enthält außerdem verschiedene Abbildungen, u. a. die Zeichnung einer sich in den Schwanz beißenden Schlange. Sie ist eine figürliche Darstellung des alchemistischen Symbols des sich immer wiederholenden Wandlungsprozesses der Materie, das auch als Ouroboros bezeichnet wird und in den alchemistischen Schriften sehr häufig verwendet wird. In der Mitte des durch die Schlange gebildeten Ringes befinden sich die Worte „*hen to pan*" (= Eins in Allem). Sie beschwören die Einheit in der Vielheit und symbolisieren damit „*das Bekenntnis alchemistischen Denkens*".[25]

Über Kleopatra selbst lässt sich nicht mehr viel sagen. Ihr Lehrer soll ein „*Philosoph und Oberpriester*" namens Komarios gewesen sein, der selbst eine an Kleopatra gerichtete Abhandlung mit dem Titel *Über die heilige Kunst und den Stein der Philosophen* verfasst haben soll. Lippmann allerdings zieht in Betracht, dass der Name Komarios lediglich eine spätere Erfindung ist und sich von *Komaris* ableitet, einer Bezeichnung für ein wichtiges alchemistisches Präparat, das sich aus verschiedenen Substanzen zusammensetzt.[26] Wie man sieht, gibt es also auch im Zusammenhang mit Kleopatra keine gesicherten Überlieferungen. Alle angeblichen Fakten verschwimmen und übrig bleibt auch hier nur die Feststellung, dass es eine kundige Alchemistin unter diesem berühmten Namen arbeitete.

II. Die Herrscherinnen

Die besten Voraussetzungen für die Beschäftigung mit der Alchemie brachten die Herrscherinnen mit. Sie waren einflussreich, besaßen das nötige Geld und konnten leicht Kontakte zu anderen Adepten und damit zum notwendigen Geheimwissen aufbauen. Durch ihre gehobenen Positionen hatten sie Freiheiten und Möglichkeiten, die deutlich über die „einfachen" adliger Frauen hinausgingen und aus diesem Grund finden sich unter den Alchemistinnen auch auffällig viele Regentinnen.

Von sechs Herrscherinnen aus vier Jahrhunderten ist bekannt, dass sie Alchemie betrieben haben. Die Gründe für ihr alchemistisches Interesse unterscheiden sich nicht von denen der anderen Adepten und reichen von allgemeinem Wissensdurst über Goldgier bis hin zur Arzneimittelherstellung. Die Regentinnen hatten gegenüber den übrigen Alchemistinnen aber noch einen Vorteil: Sie liefen nicht Gefahr, als Hexen angesehen und des Verrats angeklagt zu werden und mussten ihre Forschungen daher nicht verstecken. Sie waren frei in ihrem Handeln und hatten alle Möglichkeiten, ihren Interessen nachzugehen. Dank ihres Geldes und Einflusses holten sich einige von ihnen sogar namhafte Alchemisten an den Hof, die ihnen das notwendige Fachwissen vermittelten und Kontakte zu anderen Adepten herstellten.

Was wir heute über die alchemistischen Aktivitäten der einzelnen Herrscherinnen wissen, ist sehr verschieden und in den meisten Fällen recht wenig – aber immer noch mehr, als von anderen Frauen überliefert ist, die nicht so sehr im Fokus der Geschichtsschreibung stehen. Das Wissen stammt vor allem aus Sekundärquellen, also nicht von den Herrscherinnen selbst, was übrigens für fast alle Alchemistinnen gilt. Entsprechend groß ist die Selektion der überlieferten Informationen und vielfach handelt es sich bei dem auf uns gekommenen Wissen nicht um Berichte über die alchemistischen Fähigkeiten oder Kenntnisse der Frauen, sondern vielmehr um Angaben über die Größe ihrer Labore oder den Wert der Laborausstattungen.

Tendenziell sind die Informationen um die frühen Alchemistinnen aufgrund der spärlichen Quellenlage besonders dünn und insbesondere über die im 14. bzw. frühen 15. Jahrhundert lebenden Regentinnen Blanche von Navarra und die Kaiserin Barbara wissen wir nur sehr wenig. Mit den fortschreitenden Jahrhunderten werden die Überlieferungen umfangreicher und vor allem ab dem 17. Jahrhundert ist die Quellenlage deutlich besser, weshalb wir über die Tätigkeiten der schwedischen Königin Christina vergleichsweise gut informiert sind.

Blanche von Navarra (um 1331 – 1398)

Blanche von Navarra (auch Blanche d`Evreux) ist die erste Frau in der europäischen Geschichte, der ein alchemistisches Interesse zugesprochen wird. Leider weiß man aber nur sehr wenig über sie und die meisten Informationen haben mehr legendären als realen Charakter. Immerhin gibt es deutliche Hinweise darauf, dass sie alchemistisch tätig war oder sich zumindest für die Alchemie interessierte.
Blanche wurde um 1331 als Tochter des Königs Philipp III. von Navarra und dessen Frau Johanna II. geboren. 1349, also etwa im Alter von 18 Jahren, heiratete sie den 40 Jahre älteren französischen König Philipp VI., der jedoch schon wenige Monate nach der Hochzeit starb.[27] Nach dem Tode ihres Mannes zog sich die zu diesem Zeitpunkt schwangere Blanche auf ihr Schloss in Neuf-les-Saint-Martin bei Gisor zurück, wo sie 1351 ihre Tochter Jeanne zur Welt brachte.[28] In dieser Zeit wütete der *Schwarze Tod* besonders grausam in Europa und löschte rund ein Drittel der europäischen Bevölkerung aus. Blanche überlebte die Epidemie und verbrachte die folgenden Jahre abwechselnd auf ihrem Schloss und in Paris.[29] Als ihr 1362 eine zweite Eheschließung mit König Peter I. von Kastilien angetragen wurde, lehnte sie diese ab und blieb stattdessen bis zu ihrem Lebensende im Witwenstand.[30]
Von ihrem Vater hatte sie die Besitztümer von Longueville und Evreux geerbt, die sich beide in unmittelbarer Nähe von Gisor befanden und 1359 wurde sie schließlich auch Gräfin von Gisor – einer Region, in welcher der Templerorden zur damaligen Zeit besonders aktiv

war.[31] 1371 starb ihre Tochter Jeanne mit gerade einmal 20 Jahren, woraufhin Blanche sich, wie schon nach dem Tod ihres Mannes, auf ihr Schloss in Neufles-Saint-Martin zurückzog.[32] Dort verbrachte sie von da an die meiste Zeit ihres Lebens, bis sie im Jahre 1398 im für die damalige Zeit hohen Alter von etwa 67 Jahren starb.

Über ihre alchemistischen Tätigkeiten gibt es keine zeitgenössischen schriftlichen Belege, sondern nur mündliche Überlieferungen, die erst später schriftlich niedergelegt wurden. Verschiedenen Legenden zufolge stand sie in Verbindung mit dem Templerorden und betrieb auf ihrem Schloss in Neufles-Saint-Martin intensive alchemistischen Studien und Experimente.[33] Sie soll auch im Besitz eines wertvollen alchemistischen Textes gewesen sein, der im 14. Jahrhundert im Languedoc verfasst worden war, inhaltlich aber wohl auf einem wesentlich älteren Manuskript basierte.[34]

Eine weitere Legende überliefert, sie wäre eine Gönnerin des berühmten Alchemisten Nicolas Flamel gewesen und hätte ihn finanziell unterstützt.[35] Flamel ging gemeinsam mit seiner Frau Perenelle alchemistischen Studien nach und war im Besitz eines geheimnisvollen Manuskripts, mit dessen Hilfe es ihm gelang, Gold herzustellen. Spekulationen zufolge könnte es sich bei den Manuskripten von Flamel und Blanche von Navarra um ein und dasselbe Exemplar gehandelt haben.[36]

Außer diesen vagen Anhaltspunkten gibt es leider keine weiteren Hinweise auf alchemistische Tätigkeiten der Königswitwe Blanche von Navarra. Auch über ihre Persönlichkeit, ihren Charakter, ihren Bildungsstand und ihre weiteren Interessen wissen wir nichts.

Da zeitgenössische Belege oder andere glaubwürdige Quellen nicht vorhanden sind, ist eine gewisse Skepsis hinsichtlich ihrer alchemistischen Experimente sicher angebracht. Allerdings sind schriftliche Überlieferungen aus dieser Zeit – insbesondere solche, die sich nicht mit politischen Ereignissen beschäftigen – generell recht spärlich. Das Fehlen von schriftlichen Quellen ist also kein Beleg dafür, dass sie keine Alchemie betrieben hat, sondern die überlieferten Legenden und vor allem die Verknüpfung mit dem Namen Nicolas Flamel können als Indizien dafür gelten, dass sie sich tatsächlich alchemistischen Aktivitäten gewidmet hat.

Kaiserin Barbara von Cilli (um 1390 – 1451)

Auch über die Kaiserin Barbara wissen wir nur wenig, allerdings immerhin schon etwas mehr als über Blanche von Navarra. Barbara wurde als Tochter des Grafen Hermann II. von Cilli geboren, doch wann genau, ist nicht bekannt. In Frage kommen die Jahre 1381-1395, eher aber um 1390. Ebenso schwammig und lückenhaft sind auch die Überlieferungen zu ihrem Leben und zu ihren alchemistischen Tätigkeiten. In Ihrem Falle liegen nun aber eindeutige Belege dafür vor, dass sie Alchemie betrieben hat, weshalb Schmieder sie (und nicht Blanche von Navarra) in seiner Geschichte der Alchemie als die erste bekannt gewordene Alchemistin nach Maria Prophetissima bezeichnet.[37]

Die Familie Cilli war von Mitte des 14. bis Mitte des 15. Jahrhunderts eine einflussreiche europäische Adelsfamilie, die vor allem Besitzungen in der Steiermark und in Ungarn hatte. Barbara wurde um 1408 aus politischen Gründen mit dem damaligen Kaiser Sigismund verheiratet und etwa ein Jahr später brachte sie ihre einzige Tochter Elisabeth zur Welt.[38] Fast dreißig Jahre lebte Barbara an der Seite des Kaisers, bis dieser im Jahre 1437 starb. Als nunmehrige Witwe erhielt sie eine umfangreiche Pension sowie größere Ländereien, zu denen auch die Städte Melnik und Königgrätz gehörten.[39]
Bauer bezeichnet Barbara als „*stolze, herrschsüchtige und sehr leichtsinnige Frau*“[40] und Chilian nennt sie eine „*vielseitige und glänzend begabte Natur, körperliche Schönheit und faszinierende Redegabe zeichnen sie aus, sie verfügt über die Kenntnisse des*

Deutschen, Lateinischen, Ungarischen, Tschechischen und vielleicht auch des Polnischen".[41] Schmieder beschreibt sie als gelehrte Frau und sagt darüber hinaus, dass ihr Lieblingsstudium die Alchemie war, äußert sich aber negativ darüber und meint: „*Sie hatte die Eitelkeit, für eine Adeptin gelten zu wollen*" und „*daß sie ihre Kunst nur bis zum Anschein brachte*".[42]
Schmieder ging davon aus, dass Barbara ihre alchemistischen Tätigkeiten, mit denen sie laut Überlieferungen erst nach dem Tode des Kaisers begonnen hat, auf Königgrätz durchführte, allerdings gibt es inzwischen andere Hinweise. Da sie die meiste Zeit ihres Witwendaseins in Melnik verbrachte, ist zu vermuten, dass sie dort auch ihr Laboratorium hatte.[43] Paušek-Baždar äußerte jüngst die Ansicht, dass sie ihren alchemistischen Tätigkeiten in Samobor (Kroatien) nachging und tatsächlich befand sich Samobor zu jener Zeit im Besitz der Adelsfamilie von Cilli, doch ist Melnik als wahrscheinlicher anzunehmen.[44]

Unser heutiges Wissen über die alchemistischen Tätigkeiten der Kaiserwitwe verdanken wir dem böhmischen Alchemisten Johann von Laaz, der sie allerdings in einem denkbar schlechten Licht erscheinen lässt. Ein handschriftlich überlieferter Text von Laaz aus dem Jahre 1440 mit dem Titel *Via universalis, composita per famosum Jo. de Laaz, Philosophum peritum in Arte Alchymia* schildert seine Begegnung mit der Kaiserwitwe.
Darin äußert der Alchemist, er hätte seinerzeit davon erfahren, dass Barbara von Cilli in der Naturwissenschaft erfahren sei und sie daher um eine Audienz gebeten. Bei einem Treffen habe er sie dann auf ihre Kunst hin ge-

prüft und schreibt: „*Schlau aber antwortete mir diese Frau. Ich sah von ihr, dass sie Quecksilber und Arsen und anderes nahm, was sie gut kannte, und daraus ein Pulver machte, von welchem das Kupfer weiß gefärbt wurde. Dieses hielt nun sehr gut die Probe, nicht aber den Hammer, womit sie viele Täuschungen unter den Menschen vollführte. Auch sah ich noch etwas anderes von ihr, dass sie ein Pulver zubereitete und heiß gemachtes Metall damit bestreute, das in die Masse des Körpers eindrang und diesem auf seiner Oberfläche das Aussehen von fein gebranntem Silber gab, als es aber geschmolzen wurde, war es wieder Kupfer wie zuvor. Ein anderes Mal nahm sie Eisensafran, Kupfersafran und andere Pulver, mischte sie und zementierte damit gleiche Teile von Gold und Silber, so dass das Metall von innen und außen das Aussehen von feinem Gold hatte, aber wenn es geschmolzen wurde, verlor es die wieder seine Farbe. Damit sind viele Kaufleute von ihr getäuscht worden.*“.[45] Der böhmische Alchemist war also der Ansicht, dass die vorgeführten Experimente nichts als Scharlatanerien gewesen seien und bezichtigte die Kaiserwitwe des Betrugs, woraufhin sie drohte, ihn ins Gefängnis werfen zu lassen.[46] Soweit also Johann von Laaz. Da dies nun die einzige Quelle zu Barbaras alchemistischen Tätigkeiten ist, muss man also anscheinend davon ausgehen, dass sie tatsächlich nichts anderes als eine Betrügerin war. Allerdings kann man aus der Überlieferung von Laaz einige interessante Details herauslesen: Sie galt in der Naturwissenschaft (physica) als bewandert, sie antwortete „schlau“, sie zeigte ihm zahlreiche komplexe Experimente, war also sehr erfahren in diesen Tätigkeiten, und sie führte ihm Experimente mit vielen verschiedenen chemischen Zutaten vor, die er teilweise benennt, d. h. sie hatte also offenbar eine umfangreiche Ausstattung und ein Labor. Alle diese Details sprechen dafür,

dass Barbara von Cilli sich nicht nur intensiv mit der Alchemie beschäftigt hat, sondern diese auch meisterhaft beherrschte.
Die negativen Schilderungen von Laaz haben sicherlich einen wahren Kern und es gibt keinen Grund zu der Annahme, dass Barbara nicht versucht haben sollte, „falsches Gold" herzustellen. Dennoch muss diese Quelle auch mit Skepsis gelesen werden. Johann von Laaz kann für seine rein negativen Äußerungen ganz profane Gründe gehabt haben: Seine eigene alchemistische Karriere war eher glücklos[47] und in einer solchen Situation wäre es durchaus menschlich, das eigene Unvermögen durch die Offenlegung eines angeblichen schmählichen Betrugs einer bedeutenden Persönlichkeit für sich selbst erträglicher zu machen. Leider ist Laaz' Text nun aber die einzige schriftliche Überlieferung zu Barbara als Alchemistin, und ihr Wahrheitsgehalt kann somit durch keine Zweitquelle überprüft werden.
Es bleiben also viele Fragen offen und nicht zuletzt auch die, wie Barbara an ihr alchemistisches Wissen gelangt sein mag. In diesem Zusammenhang könnte ein Detail aus ihren Jahren als Kaiserin von Bedeutung sein. In der Zeit von 1429 bis 1431 arbeitete am Hofe Barbaras ein junger Page, Albert Achilles, der später Markgraf und Kurfürst von Brandenburg wurde. Albert Achilles hatte zuvor gemeinsam mit seinem Bruder Johann Unterricht in der Kunst der Alchemie erhalten. Sein Bruder, der spätere Kurfürst von Brandenburg-Kulmbach, ging übrigens als *Johann der Alchemist* in die Annalen ein.[48] Denkbar wäre also, dass die Kaiserin in diesen Jahren ersten Kontakt mit den Geheimnissen der Alchemie aufnahm, die sie dann später so leidenschaftlich betrieben hat.

Caterina Sforza (1463 – 1509)

Gut zehn Jahre nach dem Tode der Kaiserin Barbara wurde dem mailändischen Herzog Galeazzo Maria Sforza und seiner Geliebten Lucrazia Landriani eine Tochter, Caterina, geboren.[49] Als Caterina 13 Jahre alt war, wurde ihr Vater ermordet und ihre Großmutter, die Herzogin Bona, übernahm die Regierung Mailands und auch die Erziehung des Kindes.[50] Schon frühzeitig war das Mädchen dem Adligen Girolamo Riario, einem Neffen des Papstes Sixtus IV., versprochen worden, den sie ungefähr ein Jahr nach dem Tod des Vaters auch heiratete. Unmittelbar nach der Hochzeit wurde das Paar mit der Verwaltung der Städte Forli und Imola betraut.[51] Ein Jahr später, also im Alter von 15 Jahren, brachte Caterina ihre einzige Tochter Bianca zur Welt und in den Folgejahren gebar sie noch fünf Söhne von Riario.

Ihr Mann war von Anbeginn an zahlreichen Intrigen, Verschwörungen und politischen Tändeleien beteiligt und wenige Jahre nach ihrer Hochzeit begann auch Caterina, sich politisch zu betätigen.[52] Eine ihrer legendären Aktivitäten war die Besetzung der Engelsburg, die sie im Alter von gerade einmal 21 Jahren und in hochschwangerem Zustand unternahm und durch die sie nach dem Tod von Papst Sixtus IV. eine neue Papstwahl verhinderte.[53]

Als Caterina 25 Jahre alt war, wurde ihr Mann heimtückisch ermordet, woraufhin die junge Witwe die Mörder Girolamo Rialtos grausam hinrichten ließ.[54] In den Folgejahren ging sie zwei heimliche Ehen ein, bekam noch zwei Söhne und hatte großen Einfluss auf die politischen Geschicke Italiens. Im Jahre 1500 wurde sie von ihrem Erzfeind Cesarie Borgia gefangen genommen und für ein Jahr auf der Engelsburg eingekerkert. Dieses Erlebnis hatte so nachhaltigen Einfluss auf sie, dass Caterina sich nach ihrer Freilassung weitgehend zurückzog und schließlich 1509 in Florenz starb.

Caterina Sforza zählt zu den berühmtesten Frauen der italienischen Renaissance. Sie galt als intelligent, ehrgeizig und vielseitig interessiert, ist aber hauptsächlich wegen ihrer politischen Aktivitäten in die Geschichte eingegangen, während ihre nichtpolitischen Arbeiten weitgehend unbeachtet blieben.[55]
Von ihr ist eine Schriftensammlung mit dem Titel *Experimenti de la Ex*[ellentissi]*ma S*[igno]*ra Caterina da Furlj Matre de lo inllux*[trissi]*mo S*[ignor] *Giovanni de Medici* erhalten, die Rezepte verschiedenster Art enthält.[56] Aus dieser Textsammlung lässt sich deutlich herauslesen, dass Caterina Sforza sich auch intensiv mit Medizin und Alchemie beschäftigt hat, selbst Rezepte und Heilmittel kreierte und diese in ihrem Umfeld verbreitete.[57] Dies tat sie nachweislich in ihrer Residenz in Forli und es gibt schriftliche Quellen darüber, dass sie sich aus Mantua und anderen Städten verschiedenste Zutaten und Rezepte für ihre Experimente kommen ließ.
Im 16. Jahrhundert wurden in Italien gedruckte Texte medizinischen Inhalts sehr populär, die sich vor allem mit gesundheitlichen und hygienischen Themen befassten und die neben Heilmitteln auch Rezepte für kosmetische Mittel und Parfüms enthielten. Vielfach war für die Herstellung dieser Produkte ein grundlegendes alchemistisches Fachwissen unumgänglich. Vor allem für die

verschiedenen Destillationsprozesse wurden alchemistische Kenntnisse und Gerätschaften benötigt. So schreibt 1563 der Physiker Gabriele Fallopio, dass die Zutaten für eine Gesichtscreme in einem *alembic* gemischt werden mussten – einem Destillierkolben, der zentraler und unverzichtbarer Bestandteil eines alchemistischen Laboratoriums war.[58] Eine der medizinisch-kosmetischen Veröffentlichungen dieser Zeit stammt übrigens von einer Frau: Das 1588 erschienene Buch *I secreti* von Isabella Cortese, auf das an späterer Stelle noch näher eingegangen wird. Zu Lebzeiten Caterinas waren derartige gedruckte medizinische Schriften zwar noch nicht verbreitet, doch erfreute sich das Sammeln von handschriftlichen Rezepten bereits einiger Beliebtheit. Die Archive sind voll mit derartigen Rezeptsammlungen, von denen viele anonym überliefert sind. Für eine dieser Sammlungen lassen sich übrigens durchaus weibliche Autoren annehmen, besonders da viele von ihnen auch Rezepte für frauenbezogene Gesundheitsprobleme enthalten.[59]

Nach ihrem Tode im Jahre 1509 hinterließ Caterina de Sforza also die besagte Kollektion von Rezepten sowie verschiedene diesbezügliche Korrespondenzen.[60] Wie die Textsammlung erkennen lässt, hatte sich die Italienerin auch mit der Frage beschäftigt, ob das medizinisch-alchemistisches Wissen öffentlich bekannt gemacht werden sollte.[61] Diese Frage stellte ein generelles alchemistisches Problem dar, denn es herrschte die Überzeugung, dass jegliches Geheimnis – und alchemistisches Wissen war natürlich Geheimwissen – deshalb zwingend zu bewahren war, weil die Offenbarung eines Geheimnisses die Schädigung seiner Macht zur Folge hatte. Mit diesem Problem hat sich später auch Isabella Cortese beschäftigt, denn sie schrieb in ihrem Buch *I secreti*: „*Il revelare de secreti fa perdere l'efficacia*" – die Bekanntgabe des Geheimnisses führt zum Verlust seiner Wirksamkeit.[62] Caterina Sforza entschied sich offensichtlich dafür, ihre Rezepte nicht zu veröffentlichen.

Die *Experimenti* umfassen insgesamt 454 Rezepte, von denen einige nicht in italienischer, sondern in lateinischer Sprache abgefasst wurden. Bei diesen Texten handelt es sich vor allem um Anleitungen zur Transmutation von Metallen – die lateinische Niederschrift sollte offenbar die besondere Bedeutung dieser Rezepte unterstreichen. Einige der wichtigsten alchemistischen Rezepte wurden zusätzlich mit einem Code chiffriert, dessen Schlüssel auf der ersten Seite des Manuskripts notiert wurde. In damaliger Zeit war es durchaus üblich, die Bedeutung von geheimen Rezepten durch eine zusätzliche Verschlüsselung zu unterstreichen.

Die meisten der in den *Experimenti* enthaltenen Anleitungen (358) sind medizinischer Natur, doch eine klare Trennung der medizinischen Rezepte von denen der Alchemie ist oft schwierig und der Übergang fließend, da ja häufig Destillierprozesse oder Produkte vorheriger alchemistischer Herstellungsverfahren in den medizinischen Rezepten enthalten sind. Das Destillieren, Kochen, Pulverisieren der Zutaten usw. setzte natürlich auch das Vorhandensein spezieller Geräte voraus. Neben den Destilliergeräten waren für diese Prozesse auch Schmelztiegel, Mörser, Flaschen und andere Gefäße notwendig, was darauf schließen lässt, dass Caterina Sforza in Forli ein Laboratorium unterhielt.

Die Zutaten für ihre Rezepte erhielt sie größtenteils von ihrem Apotheker Lodovico Albertini in Forli, was durch verschiedene Bestellungen und Korrespondenzen belegt ist. Ihr Briefwechsel zeigt aber auch, dass sie mit anderen Interessierten Rezepte austauschte, u. a. mit einer Frau, die als Anna Hebrea bezeichnet wird.[63]

Unter den *Experimenti* befinden sich insgesamt 30 Rezepte, die ausschließlich alchemistischen Inhalts sind und keine kosmetische oder gesundheitliche Funktion haben. Vor allem handelt es sich dabei um Anleitungen zur Färbung von Metallen, Goldherstellung, Auflösung von Edelsteinen und zur Kalzinierung von Quecksilber (Mercury). Die Rezepte lassen erkennen, dass Caterinas Interesse an der Alchemie vor allem praktischer Natur war und sie mit ihrer Hilfe u. a. versuchte, Münzen wertvoller zu machen, indem sie ihr Gewicht vergrößerte, oder sie verfärbte. Insgesamt scheint ihr Interesse an der Alchemie also vielseitig gewesen zu sein und den zeitgemäßen Vorlieben, d. h. der Herstellung von Gold, Arzneien und Kosmetika, entsprochen zu haben.

Anna, Kurfürstin von Sachsen (1532 – 1585)

Deutlich mehr als über die bisherigen Herrscherinnen wissen wir heute über Anna von Sachsen, die im 16. Jahrhundert lebte und damit in einer Zeit, die uns bereits umfangreiche schriftliche Quellen hinterlassen hat.
Anna wurde als Tochter von Christian und Dorothea von Schleswig und Holstein und somit als Mitglied der dänischen Königsfamilie geboren. Ihr Vater übernahm zwei Jahre nach ihrer Geburt als Christian III. die dänische Krone.[64] Annas Muttersprache war deutsch, doch beherrschte sie auch die dänische Sprache. Offenbar las sie viel, denn am Ende ihres Lebens hinterließ sie eine 400 Bücher umfassende Bibliothek, die unter anderem religiöse Schriften, Werke der klassischen Antike wie Cicero, Cäsar und Thukydides sowie zeitgenössische Literatur wie Petrarca und Sebastian Münsters *Cosmographie* enthielt.[65] Mit 16 Jahren wurde Anna an August, den späteren Kurfürsten von Sachsen, verheiratet, mit dem sie 15 Kinder hatte, von denen elf jedoch frühzeitig starben.
In die Geschichtsschreibung ging sie vor allem als *Mutter Anna* ein – als tüchtige und tadellose Landesmutter, die ihren Mann musterhaft umsorgte, die ehelichen Güter hervorragend verwaltete und eine vortreffliche Hauswirtschafterin war.[66] Ihr Leben und ihre Rolle am kurfürstlichen Hof beschränkten sich jedoch keineswegs auf hausfrauliche Tätigkeiten, sondern sie nahm beispielsweise auch Einfluss auf politische und religiöse Entwicklungen in ihrem Herrschaftsgebiet.[67] Nach ihrer Eheschließung mit August lebte das Paar ab 1549 zu-

nächst in Weißenfels. Nachdem sein älterer Bruder 1553 verstorben war, erhielt August die Kurwürde und das Paar übersiedelte nach Dresden. August und Anna pflegten viel zu reisen und hatten immer wieder längere Aufenthalte in ihren Schlössern in Augustusburg, Annaburg, Torgau und Colditz.[68] Sie waren stets gemeinsam unterwegs und scheinen eine glückliche und zufriedene Ehe geführt zu haben, die von großem gegenseitigem Verständnis geprägt war.[69] Im Jahre 1585 verstarb Anna mit 53 Jahren und nach 37-jähriger Ehe in Dresden.

Annas Hauptinteresse galt der Herstellung von Arzneien. Wohl vornehmlich dafür errichtete sie ihre berühmt gewordenen *Destillierhäuser*, die jedoch nicht nur für die Arzneiherstellung genutzt wurden, sondern auch alchemistische Laboratorien waren. Seit Beginn des 16. Jahrhunderts wurde die traditionelle mittelalterliche Pharmazie nach und nach durch eine Heilkunde abgelöst, in der chemische Prozesse und mineralische Heilmittel einen immer größeren Stellenwert einnahmen.[70] Insbesondere die seit 1536 erschienenen Werke des Paracelsus hatten großen Einfluss auf diese Entwicklung – und auch auf die Arbeit der Kurfürstin, die nachweislich im Besitz mehrerer Bücher des Mediziners war, wie das Inventarbuch der kurfürstlichen Bibliothek in Dresden aus dem Jahre 1595 belegt.[71] Paracelsus vertrat eine ganzheitliche Medizin und lehrte: „*die artzney stehet* [...] *auf vier seul* [...] *die Philosophei* [...] *die Astronomei* [...] *die Alchimey und* [...] *die Tugendt*".[72] Die Alchemie hielt er für einen wesentlichen Bestandteil der Medizin und er war der Ansicht: „*So nun ein Arzt die ding soll wissen / so stehet ihm zu / dass er ein wissen hab was Calziniren sey / was subli-*

miren sey".[73] Und Anna von Sachsen war ganz offensichtlich eine Anhängerin der Lehre des Paracelsus.

Zu den wichtigsten Arzneien, die von der Kurfürstin produziert wurden, gehörte ihr weithin bekanntes *Aqua-vita*, ein „*gebranntes Wasser*", das sie u. a. durch Destillierprozesse herstellte.[74] Das Rezept hatte sie von ihrer Freundin, der Gräfin Dorothea von Mansfeld, erhalten und es befindet sich heute noch im Nachlass von deren Tochter Elisabeth in Heidelberg. Es umfasst 15 Seiten und benennt 387 Zutaten, die in einem zwei Jahre andauernden Produktionsprozess in mehreren Destillier- und anderen Vorgängen zu ihrem berühmten Lebenswasser, einem vermutlich ziemlich hochprozentigen Kräuterschnaps, verarbeitet wurden.[75] Angesichts dieses komplizierten Herstellungsprozesses muss die Kurfürstin – und natürlich ebenso die Gräfin Dorothea von Mansfeld, die Anna selbst als ihre Lehrmeisterin bezeichnete – über umfangreiches chemisches (bzw. alchemistisches) Wissen und über Praxiserfahrungen verfügt haben. Dorothea von Mansfeld pflegte die Kurfürstin ein bis zweimal im Jahr in Dresden zu besuchen, um dort gemeinsam mit ihr zu laborieren oder, wie Anna von Sachsen selbst sagte, zu „*kunstiliren*".[76]
Ihren pharmazeutischen Tätigkeiten ging Anna von Sachsen in besagten Destillierhäusern nach, von denen heute noch vier nachweisbar sind. Diese Destillierhäuser besaßen nicht nur Laboratorien, sondern zumindest einige von ihnen auch Lagerräume für die notwendigen Zutaten. In Dresden gab es vermutlich seit 1554 ein Destilliergebäude, das südlich des Schlosses am Taschenberg lag.[77] In Stolpen befand sich ein Laboratorium in

einem der Burgtürme und in Torgau nutzte die Kurfürstin wohl Räume unmittelbar im Schloss für ihre Destillierprozesse. Das größte Destillierhaus aber ließ die Kurfürstin in unmittelbarer Nähe ihres Lieblingsschlosses in Annaburg errichten. Annaburg war um 1572/73 durch den Umbau eines älteren Jagdschlosses entstanden[78] und im Zuge der Sanierung ließ die Kurfürstin hinter dem Schloss auch das Laboratorium erbauen. Der namhafte und weitgereiste Alchemist Johannes Kunckel, der seinerzeit die Destillieranlage in Annaburg besichtigte, schrieb beeindruckt, dass *„dergleichen Laboratorium in ganz Europa nicht zu finden* [sei]".[79] Weiterhin notierte er, dass die Anlage mit Wall und Wassergraben umgeben gewesen war, mehr als 2.000 Schritte im Quadrat maß und vier große Schmelzöfen sowie 16 Schornsteine besaß. Das große Laboratorium glich seinen Worten zufolge fast einer Kirche, und im Garten befand sich noch ein weiteres kleineres Labor.[80] Nach dem Tode der Kurfürstin wurde ein Verzeichnis über das Inventar des Annaberger Destillierhauses angelegt, das noch deutlicher veranschaulicht, wie gewaltig die Ausmaße des dortigen Laboratoriums gewesen sein müssen. So werden in dem Inventarbuch 37 Kolben und 53 Helme aus Zinn (zum Kühlen der aus den Destillierkolben austretenden Dämpfe), drei Brennapparate aus Kupfer sowie diverse Wannen, Kessel, Fässer, Gläser, kupferne Brennblasen, Röhren und vieles mehr genannt.[81]

Die Kurfürstin verwendete diese Gerätschaften zwar vor allem für die Herstellung von Arzneien, doch waren dafür chemische bzw. alchemistische Prozesse notwendig, die umfangreiche Fachkenntnisse erforderten. Sie hatte aber auch Interesse an der klassischen Alchemie, was vor allem dadurch deutlich wird, dass sich sowohl in ihrer Handbibliothek auf der Annaburg als auch in der kurfürstlichen Bibliothek in Dresden einschlägige Bücher befanden: Im Inventarbuch der letzteren finden sich allein 67 Bücher über Alchemie, Bergbau und Münzwesen, von denen die meisten rein alchemistischen Inhalts sind.[82]

Welche Experimente die Kurfürstin im Einzelnen durchführte und welche konkreten alchemistischen Interessen sie – neben der Arzneiherstellung – noch verfolgte, lässt sich heute nicht mehr ermitteln. Belegt ist hingegen, dass auch ihr Mann August sich intensiv mit der Alchemie beschäftigte und in Dresden ein *Goldhaus* einrichten ließ, in dem Experimente zur Herstellung des Edelmetalls durchgeführt wurden.[83] 1577 schrieb der Kurfürst in einem Brief an den Alchemisten Francesco Forense, dass er *„aus acht Unzen Silber drei Unzen gutes Gold täglich machen kann*".[84] Für die Durchführung der Experimente und als Berater hatte August sich mehrere Adepten nach Dresden kommen lassen, u. a. den namhaften Alchemisten Sebald Schwerzer.[85] Gleichzeitig achtete der Kurfürst aber auch darauf, dass sein Interesse für die Alchemie nicht offenkundig wurde, wie er dem Alchemisten Leonhard Röling schrieb.[86] Ob Anna an den Experimenten ihres Mannes beteiligt war, ist unbekannt. Möglicherweise ist die fehlende Überlieferung auf ein ähnliches Bestreben nach Geheimhaltung zurückzuführen, wie es der Kurfürst an den Tag legte. Die meisten Alchemieforscher gehen allerdings davon aus, dass Anna von Sachsen auch ausdrücklich als Adeptin tätig war, was bemerkenswert ist, da die Erwähnung von Frauen in diesem Zusammenhang ja eher unüblich war.

Schmieder bezeichnet Anna sogar als „*eine eifrige Alchemistin*".[87]
Nach dem Tod der Kurfürstin im Jahre 1585 wurde noch eine Zeit lang in ihrem Laboratorium in Annaburg gearbeitet, doch schon wenige Jahrzehnte später fiel es den Zerstörungen des Dreißigjährigen Krieges zum Opfer und existiert heute nur noch als eine der vielen alchemistischen Legenden.[88]

Katharina von Brandenburg-Küstrin (1549 – 1602)

Die alchemistischen Tätigkeiten der zuvor erwähnten Anna von Sachsen sind vor allem deshalb so bekannt geworden, weil sie dieses monumentale und deshalb weithin berühmte Laboratorium besaß. Tatsächlich war die Beschäftigung mit alchemistischen Prozessen in jener Zeit allgemein und insbesondere unter adligen Frauen sehr beliebt, allerdings sind die meisten von ihnen, anders als die sächsische Kurfürstin, in Vergessenheit geraten. Anna von Sachsen selbst pflegte einen regen schriftlichen Austausch mit einer ganzen Reihe von überwiegend adligen Frauen, die ebenfalls laborierten, und ließ sich deren Rezeptbücher kopieren. Zu ihnen gehörten Anna von Hohenlohe-Langenburg, Herzogin Anna-Maria von Württemberg, Brigitta Trautson aus Wien, die Äbtissin Margaretha von Watzdorf, Sabina von Hessen-Kassel, Anna von Seebach, Sidonia Katharina von Teschen und Katharina von Brandenburg-Küstrin.[89] Die letztgenannte soll hier, beispielhaft für alle anderen Frauen, etwas näher vorgestellt werden.

Katharina von Brandenburg-Küstrin wurde 1549 als zweite Tochter des Markgrafen Johann von Brandenburg-Küstrin und dessen Frau Katharina von Braunschweig-Wolffenbüttel geboren. Über ihr Leben ist deutlich weniger überliefert, als über das der 17 Jahre älteren Anna von Sachsen. Da ihre Mutter ebenfalls Katharina hieß und beide, Mutter und Tochter, in den schriftlichen Quellen häufig als Katharina von Brandenburg bezeichnet werden, ist es teilweise schwierig zu ermitteln, welche der beiden Frauen gemeint ist. Aus diesem Grund sind auch die Informationen über die alchemistischen Tätigkeiten von Mutter und Tochter in einigen Sekundärquellen widersprüchlich. Offenbar beschäftigten sich aber beide Frauen mit der Herstellung von Arzneien und betrieben Apotheken.

Katharina von Brandenburg-Küstrin war schon früh dem späteren Kurfürsten Joachim Friedrich von Brandenburg als Ehefrau versprochen worden und die Ehe wurde 1570, in Katharinas 19. Lebensjahr, geschlossen. Im Laufe ihres Lebens brachte sie elf Kinder zur Welt, von denen acht das Erwachsenenalter erreichten.

Schon frühzeitig hatte Katharina begonnen, sich mit der Heilkunde und der Herstellung von Arzneien zu beschäftigen. Es lässt sich vermuten, dass sie dieses Interesse und einen wesentlichen Teil ihres Wissens von ihrer Mutter erhalten hatte, bei der sie mit großer Wahrscheinlichkeit bis zu ihrer Heirat lebte. Ihre Mutter residierte mit ihrem Mann, dem Markgrafen Johann von Brandenburg-Küstrin, auf ihrem Schloss in Küstrin, wo sie sich intensiv der Medizin und Heilkunde widmete.[90]

Da sie sich viel um die Armen kümmerte, wurde sie von den Einwohnern Küstrins als *Mutter Käthe* bezeichnet. Katharina von Braunschweig-Wolffenbüttel befasste sich vor allem mit der Herstellung von Arzneien und ließ zu ihrer Unterweisung namhafte Ärzte an den Hof kommen. Unter Mithilfe dieser Ärzte richtete sie in Krossen eine Hofapotheke ein, aus der sie kostenlos Arzneimittel an die Bedürftigen verteilte. Darüber hinaus befand sich in Küstrin auch ein Destillierhaus, in dem sie laborierte.[91]

Ihre Tochter Katharina von Brandenburg-Küstrin teilte also offensichtlich die Vorliebe der Mutter und ließ 1598 im Berliner Schloss ebenfalls eine Hofapotheke einrichten.[92] Katharinas Interesse beschränkte sich aber nachweislich nicht auf die Herstellung von Arzneien, sondern die Kurfürstin beschäftigte sich auch intensiv mit der Herstellung von Edelmetallen, d. h. der klassischen zeitgenössischen Alchemie. Zu diesem Zwecke richteten sie und ihr Mann unmittelbar neben der Hofapotheke eine „*alchemistische Küche*" ein und stellten den berühmt-berüchtigten Alchemisten Leonhard Thurneysser für ein ausgesprochen hohes Gehalt am Hofe an.[93] Thurneysser war aber nicht nur an der Entstehung des Labors in Berlin beteiligt. Schon 1577, als Katharina in der Moritzburg in Halle ein Laboratorium aufbauen ließ, hatte Thurneysser regen Anteil an dessen Bau und Einrichtung.[94] Auch ließ Katharina gegen ein Lehrgeld zwei Apotheker von Thurneysser unterrichten, welche die Laboratorien später leiten sollten.[95] Kirchner schreibt, sie hoffte wohl „*von Thurneysser die Kunst zu lernen, Rubinen und Smaragden zu machen*".[96]

Katharina von Brandenburg pflegte mit großer Wahrscheinlichkeit, ebenso wie Anna von Sachsen, Kontakte zu anderen alchemisierenden Frauen. Überliefert ist in jedem Fall, dass diese beiden Frauen einander kannten und sich in ihren Tätigkeiten gegenseitig beeinflussten. So wurde Katharina wohl durch Annas Einrichtung der Dresdener Hofapotheke zum Aufbau ihrer eigenen Apotheke im Berliner Schloss inspiriert[97], in der sie schriftlichen Überlieferungen zufolge „*mit eigenen Händen Arzney bereitet* [hat]".[98] Die Dresdener Apotheke wird Katharina sicherlich mit eigenen Augen gesehen haben. Nachweislich 1575 hielten sich Katharina und ihr Mann in Dresden am Hofe des Kurfürstenpaares auf, wo sie auch die dortigen Laboratorien besichtigt haben könnten.[99] Katharina überließ Anna von Sachsen eine Kopie ihres eigenen Rezeptbuches, das sich heute noch in deren Nachlass befindet und deutlicher Beleg für das geteilte Interesse ist.[100] Doch auch die beiden Herrscher tauschten sich über ihre Leidenschaft für die Goldmacherkunst untereinander aus: Zehn Jahre nach dem Besuch in Dresden sandte August von Sachsen dem Brandenburger ein von ihm eigenhändig in seinem Labor hergestelltes Stück Gold zu.[101]

Katharina von Brandenburg-Küstrin hatte ihre Berliner Apotheke und das Laboratorium unmittelbar nach der Ernennung ihres Mannes zum Kurfürsten und ihrem Einzug in das Schloss in einem der Schlossflügel einrichten lassen. Noch im gleichen Jahr (1598) konnten die Arzneien aus ihrer Apotheke hilfreich eingesetzt werden, denn in den Städten Cölln und Berlin war eine schwere Pestepidemie ausgebrochen, der fast 2000 Menschen zum Opfer fielen.[102] Darüber hinaus aber hatte Katharina nicht mehr viel Gelegenheit, die neu eingerichteten Räume zu nutzen, denn schon wenige Jahre später starb sie selbst an einem Fieber.

Christina von Schweden (1626 – 1689)

Die schwedische Königin Christina kann wohl zu den bemerkenswertesten Frauen der europäischen Geschichte und zu den einflussreichsten Herrscherinnen ihrer Zeit gezählt werden. Als Tochter des Königs Gustav II. Adolf und Maria Eleonora von Brandenburg wurde sie 1626 inmitten der Wirren des Dreißigjährigen Krieges geboren. Zwei Jahre zuvor hatte Maria Eleonora bereits eine Tochter zur Welt gebracht, die aber kurz nach der Geburt starb.[103] Da sie keine weiteren Kinder gebar, blieb Christina das einzige eheliche Kind des Königs. Ihren Vater hat Christina jedoch kaum gekannt, denn dieser fiel schon 1632 in der Schlacht bei Lützen gegen das Heer Wallensteins. Kurze Zeit später wurde Christina im Alter von nur sechs Jahren zur Königin von Schweden ernannt.

Die Erziehung der jungen Regentin wurde bis zu ihrem zehnten Lebensjahr von ihrer Mutter übernommen, dieser dann aber entzogen, woraufhin Maria Eleonore sich auf ihren Witwensitz Schloss Gripsholm zurückzog. Von da an erfolgte Christinas Ausbildung und Erziehung unter Aufsicht ihrer Tante Katharina Wasa. 1644, im Alter von 18 Jahren, übernahm Christina die Regierungsgeschäfte und zwei Jahre später erfolgte ihre offizielle Krönung zur Königin.

Christina erlangte vor allem deshalb so große Berühmtheit, weil ihre politische Laufbahn und ihre Interessen unkonventionell und für ihre Zeit ungewöhnlich waren. Drei Jahre nach der Regierungsübernahme begann sie einen Briefwechsel mit dem französischen Philosophen

René Descartes und ließ diesen 1649 an ihren Hof nach Stockholm kommen, wo Descartes aber schon wenig später starb. In dieser Zeit begann Christina, sich gegen das in Schweden vorherrschende orthodoxe Luthertum aufzulehnen und äußerte erstmals die Absicht, sich aus der Regierung zurückzuziehen. Zu ihrem Thronerben bestimmte sie ihren Neffen Carl Gustav, mit dem sie aufgewachsen war. Unter dem Druck des Reichsrats verzichtete sie aber zunächst auf ihre Abdankung, doch 1654 äußerte sie diesen Wunsch erneut und trat diesmal auch konsequent von den Regierungsgeschäften zurück. Wenig später verließ sie Schweden und konvertierte zum Katholizismus, was in den verschiedensten politischen und religiösen Lagern Europas für großes Aufsehen sorgte. Sie wählte Rom als neue Heimatstadt, wo sie in den folgenden 35 Jahren ihren Hauptwohnsitz hatte.

Trotz ihrer Abdankung als schwedische Königin blieb Christina Zeit ihres Lebens politisch aktiv und war in zahlreiche Machenschaften verwickelt. Sie war immer geschäftig und reiste viel umher, was ihr den Beinamen „*die ambulante Königin*"[104] eintrug. 1689 starb sie, Zeit ihres Lebens unverheiratet, in Rom und wurde in den Vatikanischen Grotten im Petersdom beigesetzt.

Christina von Schweden war in vielerlei Hinsicht eine ungewöhnliche Frau. Sie galt als gelehrt und außergewöhnlich intelligent und wurde schon in jungen Jahren als *Bildungswunder* angesehen.[105] Sie beherrschte acht Sprachen, disputierte auf Latein, schrieb Aphorismen und pflegte mit zahlreichen europäischen Gelehrten zu korrespondieren. In ihrer Kindheit lernte sie neben den Sprachen auch Philosophie, Geschichte, Theologie, Mathematik, Geographie und Astrologie.[106] Großes Interesse brachte sie den *schönen Künsten* entgegen und wurde in Rom zu einer Liebhaberin und bedeutenden Förderin des Theaters und insbesondere der Barockoper. Ungewöhnlich war auch ihr Auftreten: Sie pflegte eine Vorliebe für männliche Kleidung und hatte die Stimme und Haltung eines Mannes.[107] Sich selbst bezeichnete sie als „*aufbrausend, hochfahrend und ungeduldig*".[108]

Ein besonders großes Interesse brachte Christina der Alchemie entgegen und es wird angenommen, dass „*alchemistische Speculationen und Experimente* [...] *zu ihren Lieblingsbeschäftigungen*" gehörten.[109] Während eines Aufenthalts in Hamburg, kurz nachdem sie die schwedische Krone zurückgegeben hatte, lernte sie den Arzt und Alchemisten Joseph-François Borri kennen, von dessen Lehre sie fasziniert war. Auch der deutsche Chemiker Johann Rudolf Glauber zählte in Hamburg zu ihrem Bekanntenkreis. In Rom traf sie später erneut mit Borri zusammen, was von ihrem katholischen Umfeld allerdings kritisiert wurde, da Borri wegen seiner umstrittenen Anschauungen von der Inquisition verurteilt worden war.[110]

Das alchemistisches Interesse teilte sie in Rom außerdem mit ihrem engen Vertrauten Kardinal Decio Azzelino. Ihr gemeinsamer Briefwechsel enthält zahlreiche Gedanken und Textpassagen alchemistischen Inhalts. Von 1670 an bis zu ihrem Tode beschäftigte sie in Rom außerdem den Adepten Pietro Antonio Bandiera als eigenen Hofalchemisten und experimentierte gemeinsam mit ihm und dem Kardinal in ihrer eigenen *Destillatur* im Palazzo Riaro.[111] Darüber hinaus pflegte sie enge Kontakte zu verschiedenen weiteren Alchemisten ihrer Zeit und tauschte sich rege mit ihnen aus.[112]

Das Interesse Christinas an der Alchemie war keine einseitige okkulte Neugierde und beschränkte sich keineswegs auf das Bedürfnis, Gold herzustellen. Die große Bandbreite ihrer Interessensgebiete und Studien zeigt vielmehr, dass sie eher eine ganzheitliche Wissenserweiterung verfolgte. Die Chemie (oder Alchemie) aber verstand sie als einen der wichtigsten Wege, um dieses Ziel zu erreichen, denn sie schrieb 1667 in einem Brief an Azzelino: „*Die Chemie ist die Anatomie der Natur und der wahre Schlüssel, der jede Tür zu öffnen vermag. Sie bringt Reichtümer, Gesundheit, Ruhm und wahrhaftige Weisheit zu jedem, der sie begreift*".[113]

Christina von Schweden hat der Nachwelt zwar keine Veröffentlichungen alchemistischen Inhalts hinterlassen, war dafür aber in gewisser Weise mit beteiligt an der Errichtung eines einzigartigen alchemistischen Bauwerks, das eines der faszinierendsten Zeugnisse der alchemistischen Geisteswelt in der Frühen Neuzeit und noch heute zu besichtigen ist: Die Porta Magica in Rom.
Die Porta Magica war zwischen 1678 und 1680 von Massimiliano Palombara, Marquis von Pietraforte, in dessen Garten in Rom errichtet worden, doch Ende des 19. Jahrhunderts wurde das steinerne Monument von seinem ursprünglichen Ort entfernt und an der Piazza Vittorio aufgestellt, wo es sich noch heute befindet.[114] Die Porta enthält Inschriften magischen Inhalts in hebräischer und lateinischer Sprache sowie zahlreiche alchemistische und astronomische Symbole. Auf dem Türsturz befindet sich ein Emblem mit einem Hexagramm, vor dem sich ein Kreis mit der Inschrift „*centrum in trigono centri*" und ein aufgesetztes Kreuz befinden. Die

Inschriften und Symbole sowie ihre Anordnung lassen darauf schließen, dass der Erbauer der Porta mit den alchemistischen Schriften seiner Zeit bestens vertraut war, denn es lassen sich Parallelen zu verschiedenen Veröffentlichungen beispielsweise von Michael Maier, Henricus Madathanus und Johannes de Monte-Snyder erkennen.

Eine Legende besagt, die Tür sei zur Erinnerung an eine erfolgreiche Transmutation, also an eine Verwandlung von unedlem Metall in Gold, errichtet worden, die in Christinas Laboratorium stattgefunden hat. Sicher ist, dass die Schwedin und Palombara intensiven Kontakt miteinander hatten und Christina im Besitz von Palombaras alchemistischer Handschrift *La Bugia* war. Die frühere Königin beschäftigte Palombara auch an ihrem Hof und unterstützte nach seinem Tod dessen Familie. Sie bot dem Marquis somit sowohl Inspiration und geistigen Einfluss als auch materielle Unterstützung an und kann als seine Gönnerin bezeichnet werden, die Einfluss auf seine alchemistischen Tätigkeiten und auf die Errichtung der Porta Magica hatte.

Die alchemistische Pforte muss als ein Symbol verstanden werden: Als allegorisches Monument, das die Summe des alchemistischen Wissens in dieser Zeit widerspiegelt. Dieses Monument macht also indirekt auch Christinas Interessen deutlich und gibt wieder, was ihr Bestreben war: Allumfassendes Wissen zu erlangen, um am Ende zum Kern aller Erkenntnisse – und damit zum *Stein der Weisen* – gelangen zu können. Dieses Streben hat sie bis zum Schluss nicht aufgegeben: Der letzte Text, den sie vor ihrem Tode las und der 1689 neben ihrem Sterbebett gefunden wurde, war ein Brief über Alcahest, eine alchemistische Universalmedizin, die auch als Elixier des Lebens oder einfach als Synonym für den *Stein der Weisen* verstanden werden kann.

Es sei übrigens noch auf eine interessante Verknüpfung hingewiesen: Christina von Schweden stammte in direkter Linie von Katharina von Brandenburg ab. Christinas Mutter Eleonore von Brandenburg war die Tochter von Katharinas ältestem Sohn, dem Kurfürsten Johann Sigismund von Brandenburg und Christina war damit eine Urenkelin Katharinas. Vielleicht wurde ihr über diese Linie ja der Grundstock ihres Wissens und ihres Interesses an der Alchemie vermittelt?

III. Die Selbstbewussten

Neben den mächtigen und vermögenden Herrscherinnen gab es auch Frauen, die weniger einflussreich und begütert waren, aber trotz aller drohenden Gefahren den Mut aufbrachten, selbstbewusst zu ihren alchemistischen Interessen zu stehen. Diese Frauen sind in erster Linie deshalb bis in unsere Gegenwart hinein bekannt geblieben, weil sie unter ihrem eigenen Namen alchemistische Schriften veröffentlicht haben oder aber weil dank glücklicher Umstände andere schriftliche Hinterlassenschaften von ihnen auf uns gekommen sind.
Die Zahl dieser Frauen ist gering, denn es war großes Selbstvertrauen nötig, um an die Öffentlichkeit zu treten. Frauen, die unter ihrem eigenen Namen und damit öffentlich Alchemie betrieben haben, konnten schnell in den Verdacht der Häresie, d. h. der Ketzerei geraten und gerade Frauen wurden schneller verdächtigt und verurteilt als Männer. Daher finden sich unter den bekannten Alchemistinnen auch einige, die nicht nur der Ketzerei oder Betrügerei beschuldigt wurden, sondern dafür auch ihr Leben lassen mussten. Abgesehen von der offiziellen Verfolgung waren alchemisierende bzw. überhaupt wissenschaftlich forschende Frauen aber auch der Gefahr ausgeliefert, von der Gesellschaft gemieden oder gar verstoßen zu werden. Angesichts dieser Schwierigkeiten ist ein öffentliches Bekenntnis von Frauen zur Alchemie verständlicherweise recht selten anzutreffen.

Isabella Cortese (16. Jahrhundert)

Im Jahre 1561 erschien in Venedig ein Buch mit dem Titel *I Secreti de la Signora Isabella Cortese*. Es enthielt medizinische, kosmetische und alchemistische Rezepte und wurde schnell zu einem Bestseller. Nicht nur der Titel, sondern auch die Widmungsunterschrift geben an, dass dieses Buch von einer Frau geschrieben worden war – was in dieser Zeit ein absolutes Novum darstellte.

I Secreti von Signora Cortese erfreute sich so großer Beliebtheit, dass bereits ein Jahr nach der Erstauflage eine erweitere Ausgabe erschien und in den folgenden Jahrzehnten weitere 13 Editionen in italienischer Sprache veröffentlicht wurden.[115] Außerdem erfolgte eine Übersetzung ins Deutsche, die vier Auflagen erfahren hat.[116] Die erste Ausgabe von 1561 umfasste drei Teile, während das Buch ab 1562 dann in vier Abschnitte gegliedert war: Medizin, Alchemie, Färberei und Kosmetik. Dieser letzte Teil des Buches ist der umfangreichste und enthält mehr als die Hälfte aller Rezepte. Sie befassen sich vor allem mit der Herstellung von Seifen, Duftölen, Cremes, Lotionen und verschiedenen Pudern und sind vielfach ausdrücklich an Frauen adressiert.

Die gesondert aufgeführten alchemistischen Rezepte enthalten konkrete fachliche Anleitungen, beispielsweise wie „*Sal Alcali*", „*Ein Stein* […] *wie Azur*", „*Schönen Messing*", „*Silbern Lasur*" oder „*Griechisch Fewer*" herzustellen sei[117], doch auch viele der anderen Rezepte in dem Buch waren nur mithilfe alchemistischer Prozesse umsetzbar. In der Einleitung ihres zweiten Buchkapitels geht Isabella Cortese speziell auf die alchemistische Arbeit ein und schreibt, dass es für einen erfolgreichen Alchemisten besonders wichtig wäre, sein Augenmerk auf Praxis und Erfahrung zu richten. Sie schlägt zehn Regeln vor, die zu befolgen sind, u. a. *„daß du die Geschirr und Gläser läßt fein vest machen, auff daß du deine Medicin nicht verlewrest / wann du laborierest"*, *„Daß du lernest erkennen alle Materialien und Metallen"*, *„Hab fleissig achtung auff das Fewer nach seinen Graden"*, *„Mercke auch daß du ein bequem Orth zum Laberatorio habest"*, *und nicht zuletzt „Musstu auch wissen die Naturen aller Metallen / und insonderheit Goldt und Silber"*.[118] Diese konkreten Hinweise zeigen, dass die Autorin mit dem alchemistischen Laborieren bestens vertraut war, viel Übung hatte und vor allem Wert auf die Praxis legte und weniger auf die theoretischen und philosophischen Komponenten der Alchemie. Diese Einstellung wird auch in den Beschreibungen der einzelnen Rezepte deutlich und traf offenbar den Nerv ihrer Zeit, wie die zahlreichen Auflagen des Buches erkennen lassen.

Soviel zum Buch, doch was lässt sich nun über die Autorin, Isabella Cortese, sagen? Im Grunde leider nicht viel, denn außer dem Buch gibt es kaum Hinweise auf die Existenz einer Isabella Cortese in jener Zeit. In den zahlreichen schriftlichen Hinterlassenschaften aus dem sechzehnten Jahrhundert, die in den Archiven Venedigs lagern, wird ihr Name nicht erwähnt und auch in der Genealogie der berühmten FamilieCortese aus Modena taucht der Name Isabella in dieser Zeit nicht auf.[119] Diese Quellenarmut führt deshalb immer wieder zu Spekulationen über die Autorschaft von *I Secreti*. William Eamon äußerte deshalb zum Beispiel die Vermutung, dass es zunächst eine rein private Rezeptsammlung einer

Isabella Cortese gab, die dann posthum von einigen Verlegern veröffentlicht wurde, die das populäre Potential der Sammlung erkannt hatten.[120] Gegen diese Theorie spricht aber, dass Teile des Buches in einem Stil verfasst wurden, der eine geplante Veröffentlichung annehmen lässt. Beliebt ist auch die These, dass der Name Isabella Cortese ein Pseudonym ist. Dieser These zufolge hätte es sich bei dem wahren Verfasser um einen Mann namens Timotheo Rossello gehandelt, der etwa zur gleichen Zeit, d. h. 1559 und 1561, ähnliche Rezepte veröffentlichte.[121] Zu Gunsten dieser Hypothese sprechen drei Fakten: Die Themen und Titel der Bücher ähneln einander, beide Exemplare wurden vom gleichen Verleger Giouanni Bariletto herausgegeben und beide Bücher sind Mario Chaboga, dem damaligen Archidiakon von Ragusa, gewidmet worden. Allerdings lassen die beiden Veröffentlichungen auch eklatante Unterschiede erkennen, die einen identischen Urheber eher unwahrscheinlich machen. Insbesondere die Art des Schreibens ist teilweise sehr verschieden und vor allem die jeweiligen Widmungen an Mario Chaboga unterscheiden sich beträchtlich. Während das Vorwort Rossellos eher steif und unpersönlich ist, fällt die Widmung Isabella Corteses deutlich herzlicher und persönlicher aus. Auch spricht sie, anders als Rossello, den Archidiakon im Text mehrfach persönlich an und nennt ihn „*fratel carissimo*" – liebster Bruder. Ihre Widmung unterschreibt sie mit den Worten: „*Di V.*[ostra] *S.*[ignora] *affettionatissima Isabella Cortese*" (affettionatissima = ergebenste), während Rossello auf eine Unterschrift komplett verzichtet. Beide Autoren geben auch unterschiedliche Gründe dafür an, weshalb sie das Buch verfasst haben[122] und schließlich unterscheidet sich auch die Textstruktur der beiden Werke.[123]

Abgesehen von diesen offensichtlichen Unterschieden zwischen den beiden Publikationen stellt sich die Frage, welchen Sinn es haben sollte, eine männliche Autorschaft zu verschweigen und stattdessen eine weibliche Verfasserin zu suggerieren – in einer Zeit, in der weibliche Autoren quasi undenkbar waren. Und nicht zuletzt wäre auch zu hinterfragen, ob man die Autorschaft Isabella Corteses nur deshalb anzweifeln sollte, weil sonst nichts weiter über sie bekannt ist: Der Familienname Cortese taucht in dieser Zeit häufig auf und zwar auch in Venedig.[124]

Claire Lesage konnte in ihrer Veröffentlichung über Isabella Cortese darüber hinaus doch noch einen kleinen Hinweis auf die tatsächliche Existenz der Autorin liefern: In den Archiven Venedigs lagert ein unveröffentlichtes Schriftstück, demzufolge um 1559/60 der Senat einer Isabella Cortese eine Druckerlaubnis für ihr Buch erteilte und es ist wohl kaum davon auszugehen, dass ein Mann sich unter diesem Namen die Genehmigung aushändigen ließ.[125]

Geht man also von der Autorschaft Isabella Corteses aus, so kann man – will man etwas über die Autorin erfahren – lediglich ihre Veröffentlichung als Quelle heranziehen. Welche Informationen finden sich in dem Buch über sie?

Im Titel bezeichnet sie sich als „*la Signora*“, was zunächst einmal darauf hinzuweisen scheint, dass sie eine adlige Frau war.[126] Der deutsche Übersetzer ihres Buches, Paulus Kretzer, schreibt in seinem Vorwort, dies sei das

Buch der „*Ehrbarn / Gelehrten und viel Tugendtsamen Frawen Isabellae Cortese auß Italia*".[127] Die Beschreibung Kretzers könnte zwar theoretisch darauf hinweisen, dass er die Autorin persönlich kannte und würde in diesem Falle etwas über die Persönlichkeit der Autorin sagen. Allerdings gibt es dafür keine konkreten Belege. Die Eigenschaften, die er ihr zuweist, kann er im Grunde auch beliebig ausgewählt haben. Sicher ist in jedem Fall, dass Isabella Cortese – um Kretzers Worten zu folgen – „*gelehrt*" war. Im Vorwort ihres zweiten Kapitels wendet sie sich an den Archidiakon Chaboga mit den Worten: „*Ich sage dir allerliebster Bruder / wann du der Kunst Alchimia wilt nachfolgen / und darinnen arbeiten / du solt nicht mehr Gebers werck und Künste nachfolgen / auch Raymundi und Arnaldi nicht / oder andern Philosophis* [...] *Ich habe in solchen und dergleichen Büchern länger als 30. Jar zugebracht und darinnen studiret / hette auch bald mein leben darüber gelassen und alle meine Wolfahrt*".[128] Sie war also belesen und mit den Werken von mittelalterlichen Gelehrten wie Geber, Raimond Lull und Arnold de Villanova vertraut, doch enthält diese Passage noch zwei weitere Informationen: Bei Niederschrift des Textes beschäftigte sie sich bereits seit mehr als 30 Jahren mit der Alchemie – dürfte also in jedem Fall älter als 40 Jahre gewesen sein – und sie muss über ein relativ großes Vermögen verfügt haben. Letzteres bestätigt sie nochmals, denn sie betont wenig später erneut: „*Und darumb mein allerliebster Bruder / weil ich soviel gelt darinn verzehret / auch wie gehört so wol vergebliche Zeit darinnen habe zugebracht / jammert mich deiner*".[129]

Das Buch enthält schließlich noch einen weiteren Hinweis auf die Autorin. Im zweiten Kapitel schreibt sie: „*Es kam ein reisender Mann zu mir in mein Hauß zu Olmitz /*

unnd lag bei mir in der herberg".[130] Dieser Mann, der bei seiner Ankunft krank war und wenig später in ihrem Haus verstarb, trug einen alchemistischen Text bei sich, den die Autorin im Anschluss an diese kurze Erklärung in ihrem Buch wiedergibt. Die Passage lässt also vermuten, dass Isabella Cortese eine Zeit lang in Olmütz, der damaligen Hauptstadt Mährens lebte.[131] Die deutsche Bezeichnung „*herberg*" ist allerdings irreführend: Im italienischen Original wird das Wort „*casa*" (Haus) verwendet. Da Isabella Cortese ihr Buch in italienischer Sprache schrieb und in Venedig veröffentlichte, ist allerdings eine italienische Herkunft anzunehmen. *I secreti* enthält übrigens verschiedene eindeutig lombardo-venezianische Idiome, was vermuten lässt, dass sie also auch aus dieser Gegend stammte.[132]

Damit erschöpfen sich aber auch schon die Informationen, die sich über die geheimnisvolle Autorin des italienischen Bestsellers aus dem 16. Jahrhundert zusammentragen lassen. Angesichts der zahlreichen Auflagen ihres Buches kann vielleicht noch eine Schlussfolgerung gewagt werden, und zwar dass Isabella Cortese mit *I secreti* deutlich zu einer Popularisierung der Alchemie beigetragen hat und sicherlich auch zahlreiche Frauen dieses Buch gelesen haben.

Marie Meurdrac (17. Jahrhundert)

Etwa ein Jahrhundert nach der Erstauflage des Buches von Isabella Cortese erschien in Paris erneut eine Publikation mit alchemistischen Rezepten, das von einer Frau geschrieben wurde. Das mehr als 300 Seiten umfassende Werk mit dem Titel *La chymie charitable et facile, en faveur des dames. par damoiselle M.M.* wurde von Marie Meurdrac verfasst, die ihren Namen am Ende eines Widmungsbriefes offen legt. Es ist nicht ganz eindeutig, wann das Buch erstmals publiziert wurde: In der Erstauflage steht das Jahr 1656 auf dem Titelblatt, doch ist wahrscheinlich, dass die Zahl ein Fehldruck und das Buch erst zehn Jahre später, also im Jahre 1666, erschienen ist. Für diese Annahme gibt es zwei plausible Gründe: Einerseits enthält das Buch Erklärungen von zwei zeitgenössischen namhaften Medizinern, die bestätigen, dass die abgedruckten Rezepte medizinisch unbedenklich seien und beide Erklärungen wurden im Dezember 1665 abgegeben. Andererseits aber – und diese Begründung ist noch stichhaltiger – widmete die Autorin ihr Buch einer Madame la Comtesse de Guiche, bei der es sich um die Adlige Marguerite Louise Suzanne de Béthune handelte. Madame de Béthune heiratete den Comte de Guiche aber erst im Jahre 1658, hat den Titel einer Comtesse 1656 also noch nicht getragen.[133]

Das Buch von Marie Meurdrac wurde ebenso wie die Veröffentlichung der Cortese ein Bestseller und erschien in zahlreichen Auflagen. 1673 erfolgte eine Übersetzung ins Deutsche, die sechs Auflagen erreichte[134] und 1682 kam auch eine italienische Ausgabe auf den Markt.[135]

Meurdracs Werk ist ähnlich wie das der Cortese eine Sammlung von praktischen Rezepten verschiedenster Art, die Kenntnisse in der alchemistischen Praxis und Laborarbeit voraussetzen. Das Buch besteht aus sechs Teilen, deren Inhalte von Meurdrac selbst im Vorwort zusammenfasst wurden: In Teil 1 beschreibt sie verschiedene chemische Grundstoffe, Arbeitsprinzipien und technische Dinge wie Öfen, Gewichte usw., Teil 2 befasst sich mit pflanzlichen Arzneien, Teil 3 mit der Verwendung von tierischen Rohstoffen, Teil 4 widmet sie rein alchemistischen Rezepten, insbesondere den Metallen und ihrer Bearbeitung, Teil 5 der Arzneimittelherstellung und der sechste Teil schließlich enthält kosmetische Rezepte. Der Aufbau des Buches ist also vergleichbar mit dem der Cortese, wenn es auch deutlich umfangreicher und präziser ist. Marie Meurdrac schildert beispielsweise sehr ausführlich die Vielfalt von Destillationsprozessen und unterscheidet verschiedene Destillierungsvarianten, u. a. im Wasserbad, im Dampfbad, im Sand usw.[136] Auch gibt sie äußerst detailreiche Anleitungen zur Durchführung alchemistischer bzw. chemischer Prozeduren. Diese präzisen und gut verständlichen Schilderungen sind größtenteils bar jeglicher geheimnisvoller Umschreibungen oder Synonyme, was sicherlich zur Popularität des Buches beigetragen hat.

Bei dem Versuch, etwas über die Person der Marie Meurdrac in Erfahrung zu bringen, stoßen wir leider auf ähnliche Probleme wie schon bei Isabella Cortese, denn die Überlieferungen über die Autorin sind ebenso spärlich. Immerhin kann davon ausgegangen werden, dass sie nicht unter einem Pseudonym sondern unter ihrem echten Namen geschrieben hat und dass sie adlig war, denn sie bezeichnet sich selbst als „*Damoiselle*".[137]

Die vorhandenen Quellen liefern drei Erklärungsmöglichkeiten, wer Marie Meurdracs tatsächlich gewesen sein könnte. Zunächst besteht die Möglichkeit, dass Marie Meurdrac der alteingesessenen Adelsfamilie derer von Meurdrac aus der Normandie entstammte. Diese Familie war aber so weit verzweigt und die schriftlichen Überlieferungen sind so dünn, dass nicht ohne weiteres eine Zuordnung zu einem der Familienzweige möglich ist.

Die zweite Variante zur Identifizierung Maria Meurdracs wurde in der Forschung bisher besonders intensiv diskutiert. Im 17. Jahrhundert kam die Mode auf, Memoiren zu verfassen und zu veröffentlichen und es erschienen auch einige Autobiographien von Frauen, so beispielsweise von Hortense Mancini (1699), Mademoiselle de Montpensier (1693) und Madame de Lafayette (1693). Eine dieser Memoiren stammt von einer Madame de la Guette und erschien posthum im Jahre 1681. Madame de la Guette (1613-1676) wurde unter dem Namen Catherine de Meurdrac in Mandres-les-roses geboren und hatte eine ältere Schwester: Marie Meurdrac.[138] Diese heiratete Henry de Vibrac, einen Kommandeur der Garde von Charles de Valois, mit dem sie auf dem Château de Grosbois in Boissy-Saint-Léger lebte. Es besteht also die Möglichkeit, dass sie die Verfasserin des Rezeptbuches ist, doch dagegen spricht, dass Madame de la Guette in ihren Memoiren kein Wort darüber verliert, dass ihre Schwester ein Buch veröffentlicht hatte. Es wäre aber zu vermuten, dass sie dieses wichtige Ereignis wenigstens erwähnt hätte – und so ist die Urheberschaft dieser Marie Meurdrac ebenfalls strittig.

Eine dritte These über die Herkunft der Autorin wird 1830 von dem Alchemieforscher Harless vertreten. Er schreibt, ohne allerdings seine Quellen zu nennen, dass sie „*vermutlich eine Rheinländerin*" war, und Schönfeld fügt später hinzu, sie wäre wohl eine französisch schreibende Hugenottin gewesen.[139] Es gibt aber keinerlei Belege für eine rheinländische Herkunft. Im Gegenteil: In ihrem Buch lassen sich ausschließlich Hinweise auf Kontakte der Autorin in Frankreich finden, wie die Widmung an die Comtesse und die Erklärungen der beiden Mediziner, was also eher für eine französische Abstammung spricht. Über ihre Identität lässt sich also nichts Sicheres sagen, doch enthält auch in diesem Fall der veröffentlichte Text einige kleine Hinweise auf die Autorin. So tauchen im Zusammenhang mit dem Buch mehrere Namen von Personen auf, mit denen sie vermutlich bekannt war. In der Erstauflage wurden dem eigentlichen Text neben der Widmung sechs Gedichte vorangestellt, fünf Sonette und eine sechszeilige Stanze, die von fünf anderen Autoren extra für diese Veröffentlichung verfasst wurden. Drei von ihnen haben leider nur mit ihren Initialen unterzeichnet. Es ist wohl davon auszugehen, dass alle fünf Autoren die alchemistischen Arbeiten Marie Meurdracs kannten und befürworteten. Interessant ist, dass mindestens zwei von ihnen Frauen waren: Eine hat mit ihrem Namen, Angelique Salerne, unterschrieben, die andere nannte sich „*Mlle. D.I.*". Unterstellt man auch der bewidmeten Comtesse de Guiche ein gewisses Interesse am alchemistischen Inhalt des Buches, denn darauf scheint die Widmung ja hinzudeuten, so lässt sich erahnen, dass einige Frauen der Alchemie gegenüber in jener Zeit durchaus aufgeschlossen waren.

Ein weiterer Hinweis auf Marie Meurdrac findet sich in der dritten französischen Edition des Buches, die 1687 erschien. Dort schreibt der Herausgeber, dass die Autorinplötzlich verschieden sei, was also darauf hinweist, dass sie zwischen der zweiten Auflage von 1680 und 1687 gestorben ist.[140] Er sagt außerdem, Marie Meurdrac wäre eine herausragende Persönlichkeit und einer der brillantesten Köpfe seiner Zeit gewesen.[141] Dass sie sehr gebildet war, wird bei der Lektüre ihres Buches schnell deutlich: Sie kannte die Texte führender Alchemisten wie Raymond Lull, Basilius Valentinus und Avicenna und arbeitete in der medizinischen Tradition des Paracelsus.[142] Doch war sie darüber hinaus auch mit anderen, weniger populären Veröffentlichungen vertraut und verweist beispielsweise auf Abhandlungen von Matthiolus, Dioscorides und Delechamps.[143]

Das Buch enthält aber noch weitere Hinweise auf ihre Person. Sie besaß anscheinend ein gut ausgestattetes Labor, denn sie bot (ausdrücklich) Frauen an, bei ihr die alchemistische Praxis zu erlernen.[144] Sie muss also recht einflussreich gewesen sein, denn offiziell ein Labor zu unterhalten und physikalische und chemische (bzw. alchemistische) Experimente durchzuführen, war nach einem Edikt von 1551 nur mit Erlaubnis des Königs möglich.[145] Die in ihrem Labor hergestellten Arzneien hat sie teilweise an Arme verteilt, was keine Selbstverständlichkeit war, und schreibt ausdrücklich, dass sie dies auch von den Lesern ihres Buches wünscht: „*Diese Gunst begehre ich noch von denen / welche sich derselben unterfangen wollen / dass sie die Artzneyen den Armen freygebig mittheilen / wie ich bißher gethan habe*“.[146] Besonders interessant ist, dass Meurdrac in der Vorrede ihres Buches anspricht, sie wünsche sich mehr Freiheit und Anerkennung für Frauen und dass deren Fähigkeiten unterschätzt werden. Sie legt auch offen, welche starken Bedenken sie hatte, ihr Buch zu veröffentlichen: „*in diesem Zweiffel bin ich fast zwey Jahr sonder einigen Entschluß geblieben. Ich that mir selber diesen Einewurff / dass es einer Frauens-Person nicht zustünde zu lehren / sondern stille zu seyn / zuzuhören und zu lernen / nicht aber zuerweisen / was sie wisse: dass es für sie zu hoch wäre / ein Werck an den Tag zu geben / und dass solche Ehre ins gemein ihr wenig Vortheil bringe / in Ansehung / dass die Manns-Personen jederzeit das jenige verachten und lästern / was von dem Verstand einer Frauen herkommen.*“[147] Damit spricht sie ein wichtiges Problem an, vor dem Frauen in dieser Zeit standen, die mit ihrem Wissen an die Öffentlichkeit gehen wollten: Die Gefahr, sich lächerlich zu machen und ihren Ruf zu verlieren. Es ist wohl anzunehmen, dass diese Angst viele Frauen vor Veröffentlichungen jedweder Art hat zurückschrecken lassen. Marie Meurdrac äußert gleichzeitig aber auch, dass sie ihre Publikation für richtig hält: „*Hingegen liebkosete ich mir anderseits selber / dass ich nicht die erste sey / die etwas in den Truck gegeben: Daß die Geister sonder Geschlecht seyn / und dass / so der Verstand der Frauens-Personen eben so wohl als der Männer in acht genommen / und man soviel Zeit und Unkosten anwendete zu derer Unterweisung / würden sie es ihnen leicht gleich thun können*“.[148] Diese offenen Worte Meurdracs in der Vorrede zu ihrem Buch zeigen, wie schwer es für Frauen war, sich zu bilden, zu forschen und letztendlich eigene Forschungsergebnisse zu publizieren.

Wie bereits erwähnt wurde, erschien die dritte französische Edition des Buches nach dem Tode Marie Meurdracs. Auffällig ist, dass der Herausgeber die brisante Vorrede der Autorin nun weg ließ.[149] War ihm die unverblümte Vorrede zu radikal? Oder wollte er die Autorin posthum vor jenen Anfeindungen schützen, die sie selbst befürchtet hatte? Seine Beweggründe sind unbekannt; sicher ist nur, dass sich Marie Meurdrac gegen das Weglassen des Vorwortes nicht mehr wehren konnte. Immerhin hat der deutsche Übersetzer Johann Lange das Buch ohne inhaltliche Auslassungen mitsamt der Vorrede übertragen: Eine Veröffentlichung der streitbaren Worte war für ihn offenbar kein Problem.

Lady Margaret Clifford of Cumberland (1560 – 1616)

Im 16. und 17. Jahrhundert gab es auch in England eine ganze Reihe von Frauen, die sich mit alchemistischen Experimenten befassten. Insbesondere das Sammeln von Rezepten verschiedenster Art, wie sie auf dem Festland von Isabella Cortese und Marie Meurdrac veröffentlicht worden waren, war unter Englands adligen Frauen beliebt und die Herstellung der Mixturen und Präparate setzte Kenntnisse alchemistischer Praktiken voraus. Einige der Rezeptsammlungen wurden veröffentlicht, wie etwa *The Queens closet opened: Incomparable secrets in physick, chirurgery, preserving, candying, and cookery* (1655), möglicherweise verfasst von der englischen Königin Henrietta Maria (1609-1669), oder *The Accomplished Ladies' Delight in Preserving, Physick, Beautifying, and Cookery* (1675) von Hannah Woollery. Inzwischen gibt es mehrere Sekundärtexte, die sich mit einigen der rezeptkundigen und damit auch alchemisierenden Frauen Englands befasst haben. Besonders Anthony Fletcher, Penny Bayer und Robin L. Gordon sind als Autoren zu nennen.[150] Von den Britinnen, die sich in diesen zwei Jahrhunderten mit der Alchemie befasst haben, sollen hier zwei vorgestellt werden: Lady Margaret Clifford of Cumberland und Mary Sidney Countess of Pembroke.

Lady Margaret wurde 1560 in Exeter als jüngste Tochter von Francis Russell, dem zweiten Earl of Bedford, geboren. Mit 17 Jahren heiratete sie George Clifford, den dritten Earl von Cumberland. Aus dieser Ehe gingen drei Kinder hervor, von denen aber nur die jüngste

Tochter Anne überlebte. Lady Anne Clifford machte sich später einen Namen als Patronin der Künste und der Literatur und wurde vor allem durch ihre Tagebücher bekannt. Ihre Mutter Lady Margaret starb 1616 im Alter von 56 Jahren auf Brougham Castle.[151]
Margaret Cliffords alchemistische Tätigkeiten sind vor allem deshalb bekannt, weil sie ein Manuskript hinterließ, das unter dem Titel *Lady Margaret Clifford`s Alchemical Receipt Book* oder auch *Margaret Manuskript* an die Öffentlichkeit gelangt ist. Es umfasst eine Sammlung von 138 Blättern, die 1920 in Leder gebunden und mit dem Titelaufdruck: *Receipts of Lady Margaret Wife of George, 3rd Earl of Cumberland for Elixirs, Tinctures, Electuaries, Cordials, Waters, etc., MS circa (1550) with Her Annotations* versehen wurde.[152] Diese Sammlung enthält verschiedene alchemistische Rezepte wie beispielsweise eine Anleitung, derzufolge sich *Luna* (Silber) unter Verwendung verschiedener Ingredienzien wie *Sulphur* und *Mercurius* vermehren ließ und die Lady Margaret von einer adligen Frau aus York erhalten hatte. Ein weiteres Rezept wird als *Fixacio Luna in Sol* bezeichnet und befasst sich mit der Verwandlung von Silber in Gold.[153]
Das alchemistische Interesse der Lady kam nicht von ungefähr. Schon ihr Vater, Lord Russell, beschäftigte sich mit der Alchemie und in der Cliffordfamilie, in die sie eingeheiratet hatte, gab es ebenfalls eine lange alchemistische Tradition. Henry Clifford, der Vater ihres Mannes George, besaß in seiner Residenz Skipton Castle eine einschlägige Manuskriptsammlung, zu der Lady Margaret sicherlich Zugang hatte.[154]
Es gibt auch andere Hinweise darauf, dass Lady Clifford praktische Alchemie betrieb. Interessant ist ein Bild, das

ihre Tochter Anne 30 Jahre nach dem Tod der Lady anfertigen ließ. Dort wird Margaret Clifford mit vier Büchern abgebildet: Der Bibel, den Psalmen Davids, einer englischen Übersetzung Senecas und einem handgeschriebenen Buch über *Alkumiste Abstractions of Distillation & Excellent Medicines.*[155] Die Auswahl der Bücher verdeutlicht nicht nur den geistigen und religiösen Hintergrund sowie die Belesenheit der Lady, sondern verweist also eindeutig auf ihre alchemistischen Interessen. Ob es sich bei der abgebildeten alchemistischen Handschrift um das überlieferte *Margaret Manuskript* handelt, ist schwer zu sagen. Wenige Jahre nach Anfertigung des Bildes schreibt Anne, dass ihre Mutter ein „*Liebhaber des Studiums und der Praxis der Alchemie* [war], *bei welchen sie hervorragende Medikamente entdeckt hat, die vielen viel Gutes gebracht haben; sie hatte große Freude am Destillieren von Wassern, und anderen chemischen Extrakten, und sie hatte einiges Wissen über die meisten Arten von Mineralien, Kräutern, Blumen und Pflanzen*". Anne macht außerdem deutlich, dass Lady Margaret auch an der Philosophie interessiert war, die hinter der alchemistischen Praxis stand und beschreibt sie als „*scharfsichtigen Geist, der Einsicht sowohl in die Neigung der menschlichen Geschöpfe und die Fragen der Natur, als auch in die Angelegenheiten der Welt* [hatte]".[156]
Beweise für Lady Cliffords alchemistische Tätigkeiten sind auch in den Hinterlassenschaften von Lord Peregrine Willloughby de Eresby (1555-1601) zu finden. Lord Willoughby war selbst an der Alchemie interessiert und hatte engen Kontakt zu verschiedenen intellektuellen Paracelsianern. Um 1600 schrieb dieser einen Brief an Lady Clifford, in dem er sie als „*edle philosophierende Lady*" bezeichnete, welche „*die Kunst des Separierens*" erlernt ha-

be und in der Lage sei, aus wenig rotem Sand Gold herzustellen, wie es Hermes, Salomon, Ripley und Kelly getan hätten.[157] Indem er sie in eine Reihe stellte mit jenen berühmten Männern, zollte er Margaret Clifford die höchst mögliche Anerkennung für ihr alchemistisches Wissen und Können.

Die im Nachlass der Lady gefundene Rezeptsammlung wurde allerdings nicht von ihr selbst niedergeschrieben, wie ein Vergleich der Handschrift mit den von ihr überlieferten Briefen zeigt.[158] Dennoch lässt sich nicht bezweifeln, dass sie sich mit Alchemie befasst hat und die Rezeptsammlung mit ihr in Verbindung zu bringen ist. Dafür spricht unter anderem, dass die Rezepte alle in englischer Sprache verfasst sind und Lady Margaret nur diese Sprache beherrschte, wie ihre Tochter überliefert. Die Sammlung lässt erkennen, dass der Verfasser mit den populären alchemistischen Schriften vertraut war, so von Raymund Lull, John Dustin, Arnald de Villanova und Jean de Mehun, und dass er offensichtlich Texte in verschiedenen Sprachen gelesen hat. Dieser Fakt bestätigt, dass Lady Margaret nicht die Autorin des Rezeptbuches gewesen sein kann. Bayer vermutet, dass der Hauptteil des Manuskripts von einem Alchemisten namens Christopher Taylour niedergeschrieben wurde.[159] Dieser (bzw. jemand mit den Initialen C.T.) verwies am Ende des Manuskriptes darauf, dass er es an eine „*Lady*“ adressiert habe.[160]

Bayer weist übrigens auch nach, dass Lady Margaret Kontakt mit John Dee hatte, dem berühmten Alchemisten und Hofastrologen von Königin Elizabeth I., und vermutet, dass das *Margaret Manuskript* in enger Verknüpfung mit dem John-Dee-Umfeld entstand. Angesichts dieser vielen Hinweise besteht also kein Zweifel daran, dass sich Margaret Clifford intensiv mit Alchemie beschäftigt hat.

Lady Mary Herbert, Countess of Pembroke (1561 – 1621)

Die zweite der hier porträtierten Britinnen lebte zur gleichen Zeit wie Lady Clifford und befasste sich ebenso selbstbewusst wie diese mit der Alchemie. Lady Mary Herbert, die spätere Countess of Pembroke, stammte aus einer angesehenen Familie. Ihr Vater, Herbert Sidney, war Statthalter in Irland und ihre Mutter, Mary Sidney, die Tochter des ersten Herzogs von Northumberland.[161]

Lady Mary erhielt eine hervorragende humanistische Ausbildung und beherrschte fünf Sprachen. Sie wird als starke Persönlichkeit charakterisiert, die leidenschaftlich und offen war. Ballard schrieb außerdem, dass sie einen „*excellent natural Genius*"[162] besessen hätte. Im Alter von 16 Jahren heiratete sie den 27 Jahre älteren Henry Herbert, zweiter Earl von Pembroke, mit dem sie vier Kinder hatte. Berühmt wurde die Countess vor allem durch ihre literarischen Veröffentlichungen und Übersetzungen sowie als Initiatorin eines damals weithin bekannten Künstlerzirkels, der regelmäßig auf ihrem Landsitz zusammen kam. Heute gilt sie als erste Frau Englands, die literarische Texte unter ihrem eigenen Namen veröffentlichte.

Die Interessen der Countess of Pembroke beschränkten sich jedoch nicht nur auf die Literatur, sondern waren sehr weit gefächert. Sie war musikalisch begabt, liebte die Jagd mit den Falken und vor allem interessierte sie sich für Medizin und Alchemie.

John Aubrey schreibt in seinen *Brief Lives*, dass Lady Mary in ihrem Haus in Wilton ein alchemistisches Labor un-

terhielt, in dem sie u. a. gemeinsam mit Adrian Gilbert laborierte, einem Halbbruder von Walter Raleigh.[163] Gilbert unterhielt wiederum Kontakte zum John-Dee-Kreis – wie übrigens auch Lady Pembrokes Bruder Philip Sidney, der sich ebenfalls mit der Alchemie beschäftigte. Aubrey zufolge hatte Lady Mary selbst Kontakt zu verschiedenen Alchemisten und anderen Naturwissenschaftlern, unter anderem zu Thomas Moffet (1553-1604), den eine enge Freundschaft mit den Pembrokes verband und der zeitweise bei ihnen in Wilton House lebte. Dort schrieb er auch seine naturwissenschaftliche Abhandlung *The Silkewormes and their Flies*, die er Lady Mary widmete.[164] Offenbar hatten er und die Lady gemeinsam in Wilton House Experimente zur Aufzucht von Seidenraupen durchgeführt.
Leider hinterließ Lady Mary weder eine Rezeptsammlung noch andere schriftliche Belege für ihre alchemistischen Tätigkeiten und sie hatte auch keine Tochter, wie Lady Clifford, die ihre Erinnerungen an die Mutter niederschrieb. Aus diesem Grund sind die überlieferten Informationen sehr spärlich und es sind keine Details über ihre Arbeiten bekannt. Es gibt lediglich die allgemeine Aussage von Aubrey, dass sich die Countess mit der Alchemie beschäftigte, selbst laborierte und an der Auffindung (Herstellung) des *Steins der Weisen* interessiert war.[165] Hannay zufolge verstand sie außerdem – ähnlich wie ihr Zeitgenosse Francis Bacon – die Wissenschaft als Möglichkeit, die „*hidden workings*"[166], die verborgenen Werke Gottes, in der Natur zu enthüllen.

Da Lady Mary Herbert zeitgleich mit Lady Margaret Clifford lebte, liegt es nahe, nach Parallelen oder gar möglichen Kontakten zwischen beiden Frauen zu suchen. Tatsächlich sind bei näherer Betrachtung verschiedene Analogien erkennbar. Beide Frauen waren adlig und verkehrten am Hofe der Königin Elizabeth I., was schon allein Grund zu der Annahme gibt, dass sich die gleichaltrigen Frauen kannten. Darüber hinaus waren beide klug und gebildet, hatten einen ausgedehnten Bekanntenkreis und lassen über diese Bekanntschaften Kontakte zum Wirkungskreis um John Dee erkennen. Besonders interessant aber ist, dass es auch eine familiäre Verknüpfung zwischen beiden Frauen bzw. den Adelsfamilien Cumberland und Pembroke gibt. Lady Cliffords Tochter Anne heiratete 1630 in zweiter Ehe Philip Herbert, einen Sohn von Lady Mary. Anne zog daraufhin zu ihrem Mann nach Wilton House, wo Lady Mary Sidney Herbert eine Dekade zuvor ihr alchemistisches Labor unterhalten hatte. 16 Jahre später ließ Anne dann das bekannte Gemälde anfertigen, auf dem ihre Mutter mit dem alchemistischen Manuskript abgebildet ist. Das sind zwar alles noch immer keine stichhaltigen Belege dafür, dass sich die beiden Alchemistinnen kannten, doch sind diese Verknüpfungen allemal bemerkenswert.

Madame de la Martinville (um 1600)

Zeitgleich mit den Engländerinnen gab es auch im französischsprachigen Raum Frauen, die sich mit der Alchemie beschäftigten. Eine von ihnen ist uns, dank einiger erhalten gebliebener Manuskripte, unter dem Namen Madame de la Martinville überliefert.

Madame de la Martinville agierte im Umfeld des Alchemisten Joseph du Chesne, auch Quercitant genannt (ca. 1544-1609), der seinerzeit als bedeutendster Anhänger des Paracelsus im französischsprachigen Raum galt.[167] Allerdings war sie nicht die einzige Adeptin im Umfeld des Paracelsianers, die sich mit der Alchemie beschäftigte: Es sind auch Texte einer weiteren Frau bekannt, die sich als „*Quercitan`s Tochter*" bezeichnete. Möglicherweise handelt es sich bei ihr tatsächlich um die leibliche Tochter von du Chesne, die den Namen Jeanne du Port trug, doch ist diese Annahme nicht gesichert.[168] Madame de la Martinville ist daher die einzige Frau aus dem Umfeld du Chesnes, die Manuskripte unter ihrem eigenen Namen hinterließ.

Obwohl sie namentlich bekannt ist, lassen sich leider – wie so häufig – keinerlei biographische Hintergründe von Madame de la Martinville ermitteln. Der Name de la Martinville taucht zwar hin und wieder in Schriftquellen auf, doch ist kein Zusammenhang zu der Alchemistin erkennbar. Überliefert ist von ihr lediglich ein Konvolut aus wenigen Manuskripten, die Rezepte mit medizinischem Inhalt, aber auch alchemistische Anleitungen und Diskurse enthalten. Penny Bayer hat in verschiedenen europäischen Bibliotheken insgesamt neun alchemistische Manuskripte ausfindig gemacht, die Gemeinsamkeiten sowie eine weibliche Autorschaft erkennen lassen. Alle Schriftstücke stammen aus der ersten Hälfte des 17. Jahrhunderts. Einige der Manuskripte sind eindeutig mit Madame de la Martinville in Verbindung zu bringen, da ihr Namen auf ihnen vermerkt ist, jedoch in verschiedenen Schreibweisen. Neben Madame de la Martinville kommen auch die Bezeichnungen *Matrone de Martinvilla* und *Madame Martin Viel* vor.

Das älteste Dokument ist ein Brief mit der Bezeichnung *Epistola Nobilissime Matrone de Martinvilla ad Dom Quercitanum.* Es umfasst 12 Seiten und stammt aus dem Jahre 1609. Dieser Brief gibt Auskunft, dass du Chesne der Madame de la Martinville im Jahre 1589 alchemistische Unterweisungen gab und sie zum Zeitpunkt des Briefschreibens auf mindestens 20-jährige alchemistische Erfahrungen zurückblicken konnte. Ein zweites Manuskript verfasste sie ein Jahr später, d. h. ein Jahr nach dem Tod von du Chesne. Es trägt den Titel *Discours Philosophical* und wurde von ihr im typisch zeitgenössischen paracelsianischen Stil verfasst, einer Mischung aus chemischer und symbolischer Sprache. Weitere Hinweise auf Madame de la Martinville finden sich im Nachlass von Theodore Turquet de Mayerne (1573-1655), einem Arzt und Freund von du Chesne. Turquet de Mayerne hinterließ verschiedene medizinische Rezepte und ärztliche Anweisungen in denen er bemerkt, dass er Kenntnis von ihnen durch *M. Mlle* oder *M. de Mlle* erhalten hätte. Ein letzter Text, der im Zusammenhang mit der Alchemistin steht, wurde in englischer Sprache abgefasst. Bei ihm handelt es sich offenbar um die englische Übersetzung eines französischen Textes über Alchemie, der mit der Bemerkung

„*The Copie of a letter sent me by ya late Madame Martin Viel wch was found after her death*“ versehen wurde. Laut Penny Bayer ist *Martin Viel* als phonetische Übertragung des Namens Martinville ins Englische zu interpretieren.[169]
Die überlieferten Texte der Madame de la Martinville enthalten überwiegend alchemistische Anleitungen, beispielsweise zur Gewinnung von Quecksilber oder Gold bzw. über die Transformation von Metallen. Alle Schriftstücke folgen stilistisch der paracelsianischen Tradition und lassen erkennen, dass Madame de la Martinville die Schriften verschiedener einschlägiger Alchemisten wie Arnold de Villanova und Bernard Trevisan kannte. Auch ist erkennbar, dass sie mit der metaphorischen alchemistischen Sprache bestens vertraut war, denn sie verwendet Metaphern wie die vom „*verschlingenden Löwen*“, vom „*weißen Adler*“ oder vom „*Blut des roten Löwen*“, die gängige Symbole der alchemistischen Fachsprache ihrer Zeit sind.[170]
Damit ist unser Wissen über Madame de la Martinville allerdings schon erschöpft. Wie bei den meisten der hier porträtierten Frauen ist also nicht mehr von ihr überliefert, als ein Name und eine Handvoll schriftlicher Notizen, die sie als Alchemistin ausweisen.

Martine de Bertereau (um 1578/90 – um 1642/45)

Unter den hier vorgestellten Frauen bildet die Französin Martine de Bertereau eine Ausnahme. Grund dafür ist, dass sie, anders als ihre Zeitgenossinnen, weitgehend nach naturwissenschaftlichen Regeln arbeitete und versuchte, diese aus dem geisteswissenschaftlichen bzw. religiösen Kontext zu lösen. Ihre Beschäftigung mit den Metallen, Mineralien und chemischen Substanzen hatte daher nur noch bedingt mit Alchemie zu tun, sondern ist eher als Vorläufer der Chemie zu verstehen. Damit war sie eine Vorkämpferin der exakten Wissenschaften und ihrer Zeit weit voraus.

Trotz aller Bemühungen, die einzelnen Themenbereiche zu trennen, wandte sie sich dennoch nicht konsequent den naturwissenschaftlichen Methoden zu, griff in ihrer Arbeitsweise immer wieder auf alchemistische Elemente zurück und stellte vielfach Verknüpfungen zwischen chemischen, astrologischen und naturphilosophischen Elementen her. Eine Trennung von Chemie und Alchemie war im geistigen Kontext des 17. Jahrhunderts schlichtweg noch nicht möglich, weshalb letztlich auch Martine de Bertereau noch zu den Alchemistinnen gerechnet werden muss, wenn auch mit etwas abweichender Ausprägung.

Der Nachwelt blieb Madame de Bertereau vor allem deshalb bekannt, weil sie sich gemeinsam mit ihrem Mann Jean du Châtelet mit Geologie und Bergbau beschäftigte und ihre Arbeit, die sie immer wieder quer durch Europa reisen ließ, schon damals überregionales Aufsehen erregte. Das Ehepaar machte im Laufe seiner

Reisen vielerlei wichtige Entdeckungen, erkundete Dutzende von Erzminen und entwickelte eine Methode, Wasser aufzuspüren. Martine de Bertereau wird nicht im nachfolgenden Kapitel über die Schwestern und Ehefrauen vorgestellt, da sie – anders als die meisten dieser Frauen – nicht im Schatten ihres Mannes arbeitete. Im Gegenteil: Sie legte unter ihrem eigenen Namen zwei Veröffentlichungen über Bergbau vor und stand offen zu ihren wissenschaftlichen Ansichten, was ihr letztendlich zum Verhängnis wurde.

Das genaue Jahr ihrer Geburt ist nicht bekannt. Gobet vermutet, dass sie, ebenso wie ihr Mann Jean du Châtelet, Baron de Beausoleil & d'Auffembach, um 1578 zur Welt kam.[171] Figuier hingegen setzt ihre Geburt um 1590 an.[172] Sicher ist, dass sie aus adligem Hause in der Gegend um Tours oder Berry stammte und aller Wahrscheinlichkeit nach eine für ihre Zeit hervorragende Bildung genoss.[173] Ihre Heirat mit Jean du Châtelet wurde vermutlich 1610 vollzogen[174] und aus der Ehe gingen mehrere Kinder hervor. In den veröffentlichten Briefen ihres Zeitgenossen Abbè de Saint Cyran wird namentlich eine Tochter Anne du Châtelet erwähnt, die dort als „*une de leurs filles*“, eine ihrer Töchter, bezeichnet wird. Darüber hinaus wird dort auch von einem Sohn und „*fünf oder sechs*“ anderen Kindern gesprochen – insgesamt müssen es also mindestens sieben gewesen sein.[175]
Die große Anzahl an Kindern hinderte das Ehepaar offenbar nicht an seinen wissenschaftlichen Forschungen und Reisen. In den mehr als drei Jahrzehnten ihrer Ehe arbeiteten Martine der Bertereau und ihr Mann gemeinsam als Mineralogen und unternahmen ausgedehnte

geologische Expeditionen nach Tirol, Schlesien, Mähren, Polen, Schweden, Italien, Spanien, England, Frankreich und anscheinend sogar nach Südamerika.[176] Sie arbeiteten für verschiedene namhafte Auftraggeber und genossen unter diesen einen guten Ruf, was aber auch viel Neid erregte.[177]

Nicht nur die exakte wissenschaftliche Arbeitsweise von Jean und Martine war für die damalige Zeit ungewöhnlich, sondern auch die Breite ihrer Interessensgebiete ist sehr bemerkenswert. In ihrem 1640 veröffentlichten Buch *Le restitution de Pluton* schrieb Martine de Bertereau, dass für die Bergwerkstätigkeiten Kenntnisse auf verschiedenen Gebieten nötig wären, so in der Astrologie, Architektur, Geometrie, Arithmetik, Hydraulik, Pyrotechnik und dergleichen.[178] Sie machte auch deutlich, dass sie all diese Fachgebiete selbst glänzend beherrschte und damit über ein außergewöhnlich breites Wissensspektrum verfügte. Außerdem sprach sie mehrere Sprachen: Neben Französisch, Spanisch, Italienisch und Latein war sie auch mit dem Hebräischen vertraut.[179]

Da ihr Hauptinteresse der Mineralogie und Metallurgie galt, waren alchemistische Studien für das Ehepaar nahezu unumgänglich – aber auch gefährlich. Im Jahre 1628 wurde Jean du Châtelet während einer Expedition in der Bretagne wegen seiner alchemistischen Experimente unter dem Vorwurf der Hexerei verhaftet. Zwar kam er nach kurzer Zeit wieder frei, doch waren inzwischen ihr gemeinsames Haus in Morlaix durchsucht und dort sämtliche Laborinstrumente, Materialien, Papiere usw. beschlagnahmt oder zerstört worden.[180] Mit großer Wahrscheinlichkeit gab es auch in den folgenden Jahren immer wieder Vorwürfe, Jean und Martine würden mit

unorthodoxen Mitteln arbeiten und es bestand stets die Gefahr, erneut der Hexerei oder Magie verdächtigt zu werden.
Das Ehepaar musste seine Forschungen vielfach selbst finanzieren, weshalb es immer wieder in Geldnot geriet. Um endgültige wissenschaftliche Reputation zu erlangen, die Neider und Kritiker zum Verstummen zu bringen und sicherlich auch um die finanzielle Lage zu verbessern, veröffentlichte Martine de Bertereau 1632 zunächst einen kurzen Aufsatz, in dem sie einen Überblick über ihre Arbeitsweise und die Möglichkeit der Erforschung von Erzminen gab.[181] Acht Jahre später legte sie dann ihr umfangreiches und fachlich bemerkenswertes Hauptwerk *Le restitution de Pluton* vor, das sie dem Kardinal de Richelieu widmete.
Das Buch enthält eine detaillierte Auflistung von Erzminen in Europa mit Angaben zu deren Standorten und den vorkommenden Erzen und Mineralien sowie zahlreiche bergbautechnische Details. Unter den verschiedenen Wissenschaften, deren Kenntnisse sie für den erfolgreichen Erzabbau als notwendig erachtete, war die Chemie bzw. Alchemie ihrer Ansicht nach von wesentlicher Bedeutung. Sie werde benötigt, wie sie schrieb, „*um das Homogene von dem Heterogenen, das Gleiche von dem Ungleichen, das Reine von dem Unreinen zu trennen*".[182] Dem Zeitgeist entsprechend hielt sie aber auch die Astronomie für wichtig und verband die beiden Fachgebiete miteinander.

Ob der bewidmete Kardinal de Richelieu das Buch je zu Gesicht bekommen oder gar gelesen hat, ist nicht überliefert. Allerdings ist zu vermuten, dass er es zumindest zur Kenntnis genommen hat – und offenbar nicht begeistert war, denn kurze Zeit später veranlasste er persönlich die Inhaftierung des Ehepaars.

Über ihre Gefangenschaft und den Tod der beiden Forscher ist nichts Genaues überliefert. Jean du Châtelet wurde nach seiner Verhaftung im Jahre 1642 in die Bastille gebracht, wo er um 1645 starb.[183] Martine de Bertereau hingegen wurde in dem damaligen Staatsgefängnis in Vincennes eingekerkert. Bei ihr befand sich ihre Tochter Anne, die zu diesem Zeitpunkt 12 Jahre alt war.[184] Die wenigen Informationen über die Zeit im Gefängnis sind dem Janseniten Saint-Cyran zu verdanken, der zeitgleich mit Martine de Bertereau in Vincennes inhaftiert war und in seinen Briefen über sie berichtete.[185] Martine de Bertereau hat das Gefängnis von Vincennes nie mehr verlassen und starb dort irgendwann zwischen 1642 und 1645. Was aus ihrer Tochter Anne und den weiteren Kindern wurde, ist nicht bekannt.

Ihre selbstbewussten Forschungen und nicht zuletzt wohl auch ihre Veröffentlichungen kosteten Martine de Bertereau das Leben. Angesichts ihres Schicksals ist daher kaum verwunderlich, dass die meisten Frauen es vermieden, ihre Forschungsergebnisse unter dem eigenen Namen publik zu machen.

IV. Die Ehefrauen, Schwestern und Freundinnen

Viele Frauen haben die Alchemie (ebenso wie alle anderen Wissenschaften) nicht eigenständig und unabhängig, sondern an der Seite von Männern betrieben: Ehemännern, Brüdern oder Freunden. Die wenigsten von ihnen haben dabei so selbstbewusst und offen gearbeitet wie Martine de Bertereau Überhaupt haben die meisten Frauen eher im Stillen und von der Außenwelt unbeachtet alchemisiert und sind deshalb in Vergessenheit geraten. Selbst Martine de Bertereau wäre wohl trotz ihrer offensiven Arbeit im Laufe der Jahrhunderte vergessen worden, hätte sie der Nachwelt nicht ihre beiden Veröffentlichungen hinterlassen. Nur wenige Alchemistinnen wurden uns überliefert und einige von ihnen nur aus einem einzigen Grund: Weil sie an der Seite eines berühmten Mannes gearbeitet haben.

Natürlich garantiert auch die Arbeit an der Seite eines berühmten Mannes keiner Frau, dass sie der Nachwelt im Gedächtnis bleibt. Ob die wissenschaftlichen Leistungen eines Menschen überliefert werden, hängt von vielen Faktoren ab. Tatsache aber ist, dass die Wahrscheinlichkeit einer Überlieferung für den Personenkreis im Umfeld einer Berühmtheit deutlich größer ist, als für Menschen ohne namhafte Kontakte. Es besteht kein Zweifel daran, dass die alchemistischen Interessen der Susanna von Klettenberg ohne die Bekanntschaft mit dem berühmten Goethe unbekannt geblieben und die Laborarbeit von Rebecca Vaughan ohne ihren Mann heute komplett in Vergessenheit geraten wäre. Ohne ihren Mann hätte Rebecca Vaughan sich aber vielleicht auch gar nicnht mit der Alchemie beschäftigt.

Ein Grund dafür, dass Frauen der Alchemie häufig im Stillen an der Seite eines Mannes nachgingen, dürfte ihre materielle Abhängigkeit sein. Ein eigenes Labor, die Gerätschaften, Fachbücher und Zutaten konnten nur mit viel Geld angeschafft und unterhalten werden, über das die Frauen aber nur selten verfügen konnten. Doch auch die notwendige Bildung stellte für viele Frauen ein Problem dar. Vor allem der Zugang zum alchemistischen Fachwissen war schwierig zu erlangen und führte in vielen Fällen sicherlich über die Väter, Ehemänner, Brüder oder Freunde. Hatten diese sowohl das Fachwissen als auch das nötige Equipment, so bot sich den Frauen damit eine gute Gelegenheit, zwar im Hintergrund, aber immerhin überhaupt zu forschen. Die folgenden Beispiele zeigen übrigens deutlich, dass diese Frauen nicht nur einfache Handlangertätigkeiten ausgeübt, sondern auch entscheidende wissenschaftliche Beiträge geleistet und dadurch letztlich auch den späteren Ruhm ihrer männlichen Kollegen gefördert haben.

Perenelle Flamel (? – 1397/1413)

Perenelle (auch Perronelle oder Petronelle) ist eine der frühesten schriftlich belegten Frauen, die alchemistisch tätig und dabei erfolgreich waren. Da sie schon im 14. Jahrhundert lebte, haben jedoch nur wenige Überlieferungen die Zeit überdauert und viele haben eher legendären als historischen Charakter.

Perenelle war die Ehefrau des berühmten Alchemisten Nicholas Flamel (um 1330-1417). Dieser lebte in Paris, unterhielt dort eine Schreibstube und starb auch in dieser Stadt, wie sein im Museum in Cluny aufbewahrter Grabstein belegt.[186] Diesem Grabstein zufolge war Flamel so reich, dass er allein in Paris 14 Spitäler, sieben Kirchen und drei Kapellen gestiftet hat.[187] Flamel selbst schrieb, er käme aus einer armen Familie und wäre zu diesem Reichtum durch ein Buch alchemistischen Inhalts gekommen, das er im Jahre 1357 zufällig erworben hat. Angeregt durch dieses geheimnisvolle und bis heute legendenumwobene Buch begann der Schreiber Flamel, der bis dahin keinerlei Interesse an der Alchemie hegte, sich mit chemischen Experimenten zu beschäftigen. Nach 25 Jahren des Laborierens soll es ihm im Jahre 1382 schließlich erstmals gelungen sein, reines Silber und später dann auch Gold zu erzeugen.[188] Er gilt als einer der wenigen Alchemisten, denen es möglich gewesen sein soll, den *Stein der Weisen* herzustellen und die Legenden über Nicholas Flamel und seine Entdeckung haben maßgeblichen Anteil an dem breiten öffentlichen Interesse an der Alchemie in den folgenden Jahrhunderten. Einer dieser Legenden zufolge soll die französische Königin Blanche von Navarra (siehe Kapitel II) eine Gönnerin Flamels und später sogar im Besitz seines geheimnisvollen Buches gewesen sein.

Soviel zu Nicholas Flamel, doch was wissen wir über seine Frau Perenelle und welche Rolle spielte sie bei den alchemistischen Studien ihres Mannes? Über die Geburt und Kindheit Perenelles gibt es keine Quellen und auch ihr Geburtsname ist nicht überliefert. Bekannt ist, dass sie sich 1368 mit Nicholas Flamel vermählte, zuvor aber schon zweimal verheiratet war und wohl ein beträchtliches Vermögen mit in die dritte Ehe brachte.[189] Das Ehepaar Flamel blieb kinderlos, weshalb es später sein Geld für die schon erwähnten zahlreichen Stiftungen zu wohltätigen Zwecken spendete.

Knapp 200 Jahre nach dem Tode Nicholas Flamels erschien unter seinem Namen in Paris ein Buch mit dem Titel *Livre des figures hiéroglypiques*, der einen angeblich authentischen autobiographischen Abriss Flamels enthält. 1681 wurde auch eine deutsche Übersetzung des Buches unter dem Titel *Des berühmten Philosophi Nicolai Flamelli Chymische Werke* veröffentlicht. Ob diese späte Veröffentlichung tatsächlich auf Texten von Flamel basiert, ist nicht sicher. Geht man aber von seiner Authentizität aus und folgt dem dortigen autobiographischen Bericht Flamels, so finden sich darin auch einige Informationen über seine Frau Perenelle.

In dem Bericht heißt es, dass Flamel, nachdem er in den Besitz des geheimnisvollen Buches gelangt war, zunächst alleine versucht hat, dessen Sinn zu entschlüsseln.[190] Da ihm das jedoch nicht gelang, zog er seine Frau Perenelle ins Vertrauen und zeigte ihr das Buch. Seinen Worten zufolge hatte auch sie bis zu diesem Zeitpunkt keine Erfahrung mit der Alchemie, zeigte aber sofort größtes Interesse und beteiligte sich seither an seinen Experimenten. Zwei Jahrzehnte lang verbrachte Flamel mit dem Studium des Buches und mit alchemistischen Experimenten, vermochte aber kein Gold herzustellen. Erst nachdem er Hilfe bei einem jüdischen Gelehrten in Spanien gesucht hatte, gelang ihm 1382 schließlich erstmals eine Transmutation. Während all dieser Jahre unterstützte ihn Perenelle bei seinen Experimenten und auch die beiden entscheidenden Prozesse zur Herstellung von Silber und Gold führte er, wie er selbst anmerkt, „*in Gegenwart meiner Petronellen*" durch.[191]

In seinem autobiographischen Text betont Flamel ausdrücklich, dass Perenelle an den Experimenten beteiligt war und schreibt: „*Ich kann es mit Wahrheit sagen, dass ich ihn, den Stein der Weisen, mit Hülfe meiner Petronellen (welche so wohl als ich selber es verstand, weil sie mir zur Arbeit geholfen, und wenn dieselbe sich unternehmen wollen, den Stein alleine zur Vollkommenheit zu bringen, so hätte sie gar wohl damit zum Ende kommen können) dreymahl gemacht*".[192] Da Flamel die Mitarbeit Perenelles so ausdrücklich hervorhebt, scheint sie einen nicht unwesentlichen Anteil an dem gemeinsamen Erfolg gehabt zu haben. Unverkennbar ist, dass Flamel seine Frau sehr bewunderte und er bezeichnete sie später als „*keusche und kluge Frau*", die „*mit mehrer Bescheidenheit und Verschwiegenheit, als insgemein die Weiber zu seyn pflegen, begabet war*".[193]

Wann Perenelle starb, ist umstritten. Allgemein wird ihr Tod in das Jahr 1397 datiert und Michaud nennt in seiner *Biographie Universelle* sogar ein konkretes Datum: Den 11. September 1397.[194] Andere vermuten hingegen das Jahr 1413 als Sterbejahr.[195] Sicher überliefert ist letztlich nur, dass sie vor ihrem Ehemann starb. Flamel war untröstlich über ihren Tod, denn er schrieb, dass er sie „*die ganze Zeit* [s]*eines Lebens beweinen werde*".[196] Seiner großen Zuneigung zu Perenelle verdanken wir jedenfalls ihre so häufige Erwähnung in seinem Buch und damit die Tatsache, dass ihre alchemistischen Tätigkeiten nicht dem Vergessen anheim gefallen sind.

Sophie Brahe (1556 – 1634)

Eine der bekanntesten Wissenschaftlerinnen der Frühen Neuzeit ist die Dänin Sophie Brahe. Ihre wissenschaftliche Bekanntheit beruht vor allem auf ihren astronomischen Forschungen, doch ging ihr Name in erster Linie deshalb in die Wissenschaftsgeschichte ein, weil sie an der Seite ihres berühmten Bruders Tyche Brahe forschte.

Tycho war zehn Jahre älter als Sophie, absolvierte in seiner Jugend eine umfangreiche Ausbildung und ein mehrjähriges Studium und machte sich schnell einen Namen als herausragender Astronom. Viele Jahre arbeitete er auf den vom dänischen König Friedrich II. finanzierten Sternwarten Uraniaborg und Stjerneborg, machte dort zahlreiche astronomische Entdeckungen und entwickelte ein eigenes, das tychonische Weltbild. Seine Schwester Sophie begann bereits mit zehn Jahren, dem Astronomen in seinem Observatorium Uraniaborg auf der Insel Hven zu assistieren.[197] Als Mädchen und später als junge Frau konnte sie kein offizielles Studium absolvieren, doch ihre Eltern finanzierten ihr eine solide Privatausbildung, in der sie Kenntnisse in Mathematik, Musik, Alchemie und Medizin erlangte. Im Observatorium ihres Bruders eignete sie sich im Laufe der Jahre auch umfangreiches astronomisches Fachwissen an. Ihre wissenschaftliche Arbeit wurde 1576 jedoch jäh unterbrochen, denn trotz ihrer wissenschaftlichen Ambitionen wurde sie zu einer Heirat mit dem 13 Jahre älteren Otte Thott gezwungen, mit dem sie drei Jahre später einen Sohn zeugte. Erst nach dem Tod ihres Mannes im Jahre

1588 konnte Sophie ihre wissenschaftlichen Tätigkeiten an der Seite ihres Bruders fortsetzen.[198] Von nun an arbeitete sie mehrere Jahre lang in Tychos Observatorium, machte zahlreiche astronomische Entdeckungen und genoss bald einen hervorragenden wissenschaftlichen Ruf. Auch Tycho schätzte ihre Arbeiten sehr und bezeichnete sie als eine der gelehrtesten Frauen seiner Zeit.[199] Die oft gemeinsamen astronomischen Entdeckungen wurden allerdings ausschließlich unter Tychos Namen veröffentlicht.

Sophie Brahes wissenschaftliche Arbeiten beschränkten sich aber keineswegs auf die Astronomie. Nach dem Tod ihres Mannes lebte sie vor allem in Eriksholm, wo sie nicht nur die Ausbildung ihres Sohnes Tage Thott überwachte, sondern sich auch mit Botanik, Alchemie und Genealogie beschäftigte und ein eigenes Laboratorium unterhielt.[200]

Nach vielen gemeinsamen, fruchtbaren Arbeitsjahren mit Tycho kam es am Ende des Jahrhunderts zu einschneidenden Veränderungen. Der dänische König Friedrich II. war inzwischen verstorben und sein Nachfolger kürzte die finanziellen Mittel für die Astronomie drastisch. Deshalb verließ Tycho Brahe 1597 das Land und ging zunächst nach Hamburg und später an den Hof Rudolfs II. nach Prag. Zwei Jahre darauf verließ auch Sophie die Heimat und wandte sich zunächst nach Braunschweig. Dort blieb sie jedoch nicht lange, sondern zog weiter nach Hamburg, wo sie bei einer dänischen Physikerfamilie lebte. Tycho versuchte sie zu bewegen, ihm nach Prag zu folgen, doch noch bevor sie eine Entscheidung treffen konnte, starb ihr Bruder unerwartet.

Sophie ließ sich daraufhin in Eckernförde in Holstein nieder, wo sie 1602 ihre langjährige heimliche Liebe, den Alchemisten Erik Lange, heiratete. Diese Ehe verlief jedoch nicht immer glücklich: Das Paar lebte in bitterer Armut, Erik war nur selten zu Hause und Sophie verbrachte viel Zeit in ihrem Laboratorium, wo sie sich intensiv der Alchemie widmete. Nach dem Tod ihres zweiten Mannes im Jahre 1613, er hatte seine letzten Lebensjahre ohne seine Frau in Prag verbracht, kehrte Sophie schließlich nach Dänemark zurück und verbrachte ihre letzten Lebensjahre in Helsingør, wo sie sich vor allem mit der Genealogie des dänischen Adels beschäftigte.

Für Sophies Beschäftigung mit Alchemie gibt es verschiedene Belege. Wie detailliert diese Studien waren, lässt sich zwar nicht sagen, doch scheint sie die Alchemie bzw. Chemie – die Bezeichnungen variieren – sehr intensiv betrieben zu haben.
Eine der wichtigsten Quellen ist, wie kaum anders zu erwarten, ihr Bruder. In seinem Poem *Urania Titani*, das von Tycho in der Form eines fiktiven Briefes seiner Schwester Sophie verfasst wurde, spricht er auch über ihr Interesse an der Alchemie. In der Beschreibung ihres Lebens schildert er beispielsweise, Sophie habe sich nach dem Tod ihres (ersten) Mannes besonders intensiv der Alchemie (Chemie) zugewandt und sich beispielsweise mit der Herstellung spagyrischer Arzneien befasst. Weiterhin schreibt er, sie hätte einen Teil ihrer alchemistischen Kenntnisse von ihm gelernt und war mit ihrer Arbeit bald so erfolgreich, dass sie in größerem Umfang Arzneimittel herstellen und diese an Freunde, Bekannte und kostenlos an die Armen verteilen konnte.[201] Tycho

erwähnt an anderer Stelle außerdem einen Brief von Sophie mit alchemistischem Inhalt, der inzwischen jedoch verloren gegangen ist.[202]

Eine weitere Quelle ist ein Brief Sophies an ihre Schwester Margrete, in dem sie über ihre alchemistischen Tätigkeiten schreibt und erwähnt, dass sie mit „*Destillieren*“ beschäftigt sei. Dieser Brief ist glücklicherweise bis heute erhalten geblieben, doch zeigt sich leider, dass der Verlust anderer Primärquellen bei der Rekonstruktion von Einzelheiten ein großes Problem darstellt. So ist überliefert, dass Ole Borch, der im 17. Jahrhundert an der Universität in Kopenhagen als Professor für Chemie tätig war, im Besitz einer großen Anzahl von Manuskripten aus der Feder Sophie Brahes mit alchemistischem Inhalt gewesen ist, die aber allesamt im Laufe der Jahrhunderte verloren gegangen sind. Diese Information bestätigt zwar, dass die Dänin sich sehr intensiv mit diesem Thema befasst hat, lässt die Inhalte ihrer Arbeit aber im Dunkeln.

Für Sophies Beschäftigung mit der Alchemie gibt es aber noch weitere Hinweise, u. a. mehrfache Erwähnungen ihrer Labortätigkeiten. Sophie unterhielt mindestens zwei Laboratorien: Eines nach dem Tod ihres ersten Mannes in Eriksholm, das zweite während ihrer Ehe mir Erik Lange in Eckernförde. Ihr zweiter Mann, der sich ja ebenfalls mit der Alchemie befasste, richtete sein Augenmerk vor allem auf die Herstellung von Gold. Interessant ist in diesem Zusammenhang eine These Jol Shackelfords, der zufolge sich die alchemistischen Interessen von Sophie und ihrem Mann Erik konträr gegenüber standen. Der Unterschied bestand dabei nicht in der Arbeitsweise im Labor, sondern lag im Ergebnis.

Während Erik mit seiner Suche nach Gold nach Ansicht Shackelfords eine *Chimia falsa* betrieben hat, lag Sophies Ziel vor allem in der medizinischen Nutzung der alchemistischen Kenntnisse im paracelsischen Sinne.[203]
Sophie Brahe gab ihr alchemistisches und medizinisches Wissen offenbar auch an (mindestens) eine Frau weiter, denn es gibt eine unterhaltsame Legende, die sich um ein Hausmädchen der Familie Brahe rankt. Diese Frau hieß Live Larsdatter (bzw. Lauridsdatter), wurde 1575 geboren und 1691 von dem niederländischen Maler Pieter van der Hulst porträtiert. Die Ehre dieses Porträts ließ ihr der dänische König aufgrund ihres außergewöhnlich hohen Alters zuteil kommen, denn zum Zeitpunkt des Porträts hatte sie bereits das 116 Lebensjahr erreicht. Danach lebte sie allerdings noch weitere sieben Jahre und starb schließlich 1698 im biblischen Alter von 123 Jahren. Live Larsdatter war jahrelang bei Tycho und später bei Sophie Brahe als „*Hausmädchen*" beschäftigt. Tatsächlich war sie wohl eher eine Assistentin, die zunächst Tycho und dann seiner Schwester bei den Arbeiten im Laboratorium half.[204] Im Laufe der Jahre eignete Live sich ein umfangreiches medizinisches, chirurgisches und alchemistisches Wissen an und erfand sogar ein „*Wunderpflaster*".
Das Interesse an der Alchemie setzte sich aber auch in der weiblichen Linie der Familie Brahe fort. Eine Nichte von Tycho und Sophie Brahe, die ebenfalls Sophie hieß (Sophie Axelsdatter Brahe, 1578-1646) und mit Holger Rosenkrantz, einem Freund von Tycho, verheiratet war, beschäftigte sich auch mit der Alchemie und kaufte regelmäßig chemische Präparate bei dem königlichen Hofalchemisten Peter Payngk in Kopenhagen.[205] Ob ihre

Tante Anschub zu diesem Interesse gegeben hat und wie intensiv die jüngere Sophie sich der Alchemie widmete, wissen wir allerdings nicht.

Rebecca Vaughan (? – 1658)

Die Engländerin Rebecca Vaughan gehört zu jenen Frauen, die über umfangreiche alchemistische Kenntnisse verfügt und diese auch erfolgreich angewendet haben, aber so unauffällig an der Seite eines berühmten Mannes tätig waren, dass sie fast vollständig in Vergessenheit geraten sind. Wäre nicht Jahrhunderte später der Literaturprofessor Donald R. Dickson auf Rebecca Vaughans Namen gestoßen und hätte dieser nicht die Bedeutung ihrer alchemistischen Leistungen erkannt, dann wüssten wir heute wohl nicht von ihrer Existenz.

Leider lässt sich über die Herkunft Rebeccas kaum noch etwas sagen, da zeitgenössische Unterlagen weitgehend fehlen. Dickson hat zwar intensiv versucht, ihr Leben zu rekonstruieren, bezeichnet das Ergebnis aber als „*frustrierend*".[206] So fanden sich weder konkrete Hinweise auf ihren Geburtsnamen, -ort oder -zeitraum noch auf ihr Leben vor der Heirat mit Thomas Vaughan, die am 28. September 1651 stattfand.[207]
Es gibt Vermutungen, dass Rebecca aus einem kleinen Dorf namens Meppershall in Bedfordshire stammte, da ihr Leichnam nach ihrem Tod in London mehr als 50 Meilen weit transportiert worden ist, um ihn in diesem Dorf zu bestatten. Ein anderer Hinweis findet sich in einem Brief des zeitgenössischen Alchemisten George Starkey, dem zufolge Rebecca die Tochter eines „*bestimmten glücklosen Klerikers*" war. Aufgrund dieser Bemerkung nimmt Dickson an, dass ihr Vater der Rektor von Meppershall, Dr. Timothy Archer, war, der wegen seiner

royalistischen Sympathien 18 Jahre lang im Gefängnis saß.[208] Für eine Herkunft aus dem Hause Archer spricht auch, dass es Belege für enge Beziehungen und Kontakte zwischen Timothy Archer und Thomas Vaughan gibt. In den Kirchenurkunden finden sich allerdings keine Hinweise darauf, dass Timothy und dessen Frau Rebekah (!) Beedles ein Kind namens Rebecca hatten, obwohl die Kirchenbücher offenbar recht gut geführt wurden, denn sie geben zwischen 1623 und 1641 Auskunft über neun Kinder der Familie Archer. Da Dickson aber den Beweis erbringen konnte, dass es mindestens noch eine weitere, nicht im Kirchenbuch vermerkte Tochter Marie gegeben hat, hält er auch eine unerwähnte Tochter Rebecca für möglich.
Sicher belegt ist hingegen die Ehe zwischen Thomas und Rebecca Vaughan sowie die Tatsache, dass sie keine Kinder hatten. Über die gemeinsame Zeit der beiden ist nur wenig überliefert und alle in Frage kommenden Hinweise, denen Dickson in akribischer Kleinarbeit nachgegangen ist, blieben ergebnislos. Letztlich ist nur noch nachweisbar, dass Rebecca sieben Jahre nach der Trauung in Wapping, einem „*rauen Hafengebiet östlich von London*", gestorben ist.[209]

Was sich über die alchemistische Arbeit Rebeccas rekonstruieren lässt, basiert ausschließlich auf Notizen, die ihr Mann hinterlassen hat. Thomas Vaughan (1621-1666) war der Zwillingsbruder des bekannten Dichters Henry Vaughan und ein namhafter Alchemist und Philosoph. Thomas führte zunächst gemeinsam mit Sir Robert Moray und Thomas Henshaw alchemistische Experimente durch. Später beteiligte er seine Frau an den Arbeiten.

Zwischen 1650 und 1655 veröffentlichte er unter dem Pseudonym Eugenius Philalethes mehrere alchemistische Schriften.[210] Bekannt wurde er außerdem aufgrund eines gelehrten Disputs, den er mit dem namhaften Philosophen Henry More (1614-1687) führte. 1666 starb Vaughan in London, vermutlich an den Folgen eines Laborunfalls mit Quecksilber.[211]

Thomas hinterließ ein alchemistisches Notizbuch mit dem Titel *Aqua Vitae: Non Vitis*, in dem er deutlich zu erkennen gibt, dass Rebecca bedeutenden Anteil an seinen Studien und an der Entdeckung eines alchemistischen Elixiers (aqua vita) hatte. Er verfasste das Buch unmittelbar nach Rebeccas Tod und beginnt es mit den Zeilen: „*My most deare wife sickened on Friday in the Evening, being the 16 of April, and dyed the Saturday following in the Evening*".[212] Einen ersten Hinweis auf Rebeccas Bedeutung für die Studien ihres Mannes liefert schon das Deckblatt des Notizbuches, auf dem das entdeckte Elixier als „*Aqua Rebecca*" bezeichnet wird. Auf dem Titelblatt weist Thomas durch den Eintrag „*Ex Libris Th: et Reb: Vaughan*" sogar ausdrücklich darauf hin, dass die niedergeschriebenen Entdeckungen von beiden, von ihm und Rebecca, gemacht wurden.[213] Auch im folgenden Text macht er mehrfach deutlich, dass Rebecca ihm nicht nur bei seiner Arbeit assistiert hat, sondern ihre gemeinsame Arbeit zwischen 1651 und 1658 eine ganze Reihe konzeptioneller Durchbrüche hervorgebracht hat.[214] Seine Ausführungen formuliert er außerdem immer wieder in der dritten Person Plural, was ihren Anteil an der Arbeit noch deutlicher erkennen lässt.[215]

In den gemeinsamen Jahren entstanden interessanterweise fast alle Publikationen von Thomas Vaughan, die seinen

Ruhm begründeten. Eine Mitautorschaft oder zumindest die Erwähnung von Rebeccas Mitwirkung an den Arbeiten wurde von ihm bei der Veröffentlichung augenscheinlich nicht in Betracht gezogen. Tatsächlich ist aber die offenherzige Erwähnung der alchemistischen Leistungen seiner Frau in seinem Notizbuch schon als außergewöhnlich für die damalige Zeit zu bezeichnen. Offenbar schätzte Vaughan die geistigen und alchemistischen Fähigkeiten von Frauen übrigens generell höher, als unter seinen Zeitgenossen sonst üblich war, denn in seinem 1650 veröffentlichten Werk *Magia Adamica* schreibt er: „*eine vornehme Frau kan ein Geschicht-Buch lesen, und ohne Verwirrung ihrer Gedanken auch auf die Philosophie merken: Ich meines Orts achte die Weiber hierzu geschickter zu seyn, als die Männer, denn in solchen Dingen sind sie bequemer und gedultiger, als die ebenmäßig mit einer kleinen Chymie von geronnener Milch und Zuckermus handelend, umzugehen wissen*“.[216]
Thomas Vaughans unveröffentlichte Notizen lassen vermuten, dass Rebecca auch einen nicht unwesentlichen Anteil an den unter seinem Namen publizierten Forschungsergebnissen hatte. Welcher Art ihre Arbeiten genau waren, schreibt er zwar nicht, doch lässt sich aus den Notizen indirekt herauslesen, dass sie sowohl geistig, d. h. an der Entwicklung seiner philosophischen Konzepte, als auch praktisch im Labor tätig war. Angesichts dieser bemerkenswerten Bedeutung, die sie für seine Arbeit also hatte, kommt man nicht umhin, nochmals darauf hinzuweisen: Ihre alchemistische Forschung fand lediglich in einem unveröffentlichten Notizbuch Erwähnung und ohne den wunderbaren Zufall, dass dieses Büchlein die Launen der Jahrhunderte überstanden hat und ohne seine wissenschaftliche Aufarbeitung durch Dickson wä-

re heute wahrscheinlich nicht einmal mehr der Name Rebecca Vaughan bekannt.

Katherine Boyle Jones, Viscountess Ranelagh (1615 – 1691)

Zur gleichen Zeit wie Rebecca Vaughan und auch in der gleichen Stadt, in London, war noch eine andere Frau an Alchemie interessiert und arbeitete in einem Labor: Katherine Boyle Jones, Viscountess von Ranelagh. Es ist nicht überliefert, ob sich die beiden kannten, doch wäre das keineswegs abwegig, denn sowohl Rebeccas Mann Thomas als auch Katherine Boyle Jones hatten Kontakt zu dem berühmten Kreis um den Wissenschaftler Samuel Hartlib.
Katherines Name ist in erster Linie wegen ihres engen Verhältnisses zu ihrem berühmten Bruder Robert Boyle (1627-1691) überliefert. Anders als Rebecca Vaughan stand Katherine Boyle Jones Zeit ihres Lebens jedoch nicht im Schatten ihres berühmten Bruders, sondern hatte unter den Zeitgenossen unabhängig von Robert einen hervorragenden intellektuellen Ruf. Nach ihrem Tod aber haben die Historiker sowohl ihre Eigenständigkeit als auch ihre Verdienste um die Arbeit ihres Bruders komplett übersehen und sie geriet sehr schnell in Vergessenheit, während Robert Boyle als Begründer der modernen Physik und Chemie in die Wissenschaftsannalen einging.

Katherine wurde 1615 als Tochter von Richard Boyle, dem ersten Earl von Cork, und damit in eine traditionsreiche irische Adelsfamilie hinein geboren. Als sie sechs Jahre alt war, arrangierte ihr Vater eine Ehe mit einem Jungen, dessen Eltern in England lebten. Bei dieser Familie verbrachte sie fünf Jahre ihrer Kindheit und erhielt dort vermutlich auch eine gründliche Schulbildung, die sie in ihrem Elternhaus nicht erwarten konnte, da ihr Vater eine Ausbildung der Töchter für unnötig erachtete. Im Alter von 15 Jahren wurde sie aus unbekannten Gründen jedoch mit einem anderen Mann verheiratet: Arthur Jones, Viscount von Ranelagh. Mit ihm hatte sie vier Kinder, doch die Ehe verlief anscheinend nicht glücklich.[217] 1642, zwei Jahre nach der Geburt ihres vierten Kindes, verließ Katherine Boyle Irland und ging – wohl ohne ihren Mann – nach London. Dort lernte sie den berühmten Forscher und Pädagogen Samuel Hartlib (um 1600-1662) kennen.[218] Hartlib war vor allem für seine ausgedehnten wissenschaftlichen Korrespondenzen bekannt, die er sammelte, kopierte und weiterreichte. Zum sogenannten *Hartlib Circle*, einem Kreis von Intellektuellen und Wissenschaftlern aus ganz Europa, gehörten auch einige Frauen. Zu diesen zählte Dorothy Moore, eine Tante von Katherine.[219] Katherine und Dorothy unterhielten ein enges Verhältnis und Dorothy führte die Nichte in die Londoner Gesellschaft ein. Die beiden Frauen verbrachten viel Zeit miteinander und entwickelten offenbar sogar gemeinsam einen Plan, die Bildung junger Frauen zu fördern, der allerdings nie umgesetzt wurde.[220]

In London baute Katherine sich schnell einen großen Bekanntenkreis auf und wurde bald zu einer der führenden intellektuellen Persönlichkeiten der Stadt. 1656 kehrte sie aus familiären Gründen für ein paar Jahre nach Irland zurück, lebte später aber wieder in London. Nach dem Tod ihres Mannes wohnte sie die letzten 23 Jahre ihres Lebens mit ihrem Bruder Robert zusammen in einem Haus in der Londoner Pall Mall. Beide starben dort kurz nacheinander im Jahre 1691.

Während der Jahre in London hatte Katherine einen regen intellektuellen Austausch mit den unterschiedlichsten Personen. Ihre Häuser in der Queen Street und später in der Pall Mall waren beliebte Treffpunkte nicht nur für Wissenschaftler, sondern auch für Menschen verschiedenster politischer und religiöser Anschauungen.[221] Lady Ranelagh muss eine beeindruckende Persönlichkeit gewesen sein und ihr Intellekt war offenbar bemerkenswert. John Leake, ein Freund ihrer Schwester Alice, schrieb über Katherine: „*Ein mutigeres Mädchen bzw. einen mutigeren Geist hat man bisher kaum getroffen. Sie hat ein solches Gedächtnis, dass sie, wenn sie eine Predigt hört, nach Hause geht und diese nach dem Abendessen wörtlich aufschreibt.*“[222] Katherines Interessen waren äußerst vielseitig und umfassten in besonderem Maße auch die Alchemie. Von ihren eigenen alchemistischen Arbeiten sind leider nur zwei Manuskriptsammlungen überliefert. Andere handschriftliche Texte zu diesem Thema, wie ihre umfangreiche Korrespondenz, sind verloren gegangen. Die wichtigste Quelle ist daher ein Buch mit vor allem medizinischen Rezepten verschiedenster Art, das sich in der British Library befindet. Das zweite Manuskript ist eine als *Kitchen-Physick* bezeichnete Sammlung von verschiedensten Rezepten für den allgemeinen Hausgebrauch, die in der Wellcome Institute Library aufbewahrt wird. Vor allem das erstgenannte Rezeptbuch enthält detaillierte Beschreibungen chemischer Prozesse, technische Anleitungen und alchemistische Symbole und belegt eindeutig, dass Katherine Boyle Alchemie betrieb.[223]

Ihre alchemistischen Studien hat sie offenbar in einem Labor durchgeführt, das sie gemeinsam mit ihrem Bruder in ihrem Haus in der Pall Mall unterhielt. Es ist anzunehmen, dass sie dort auch mit dem einen oder anderen namhaften Besucher des Hauses zusammenarbeitete, doch ist dies nur in einem Fall belegbar. Hunter schreibt, dass Katherine zeitweise mit dem Arzt Thomas Willis (1621-1675) experimentierte, der einige von Katherine entwickelte Rezepte in seine Publikation *Pharmaceutice rationalis* einfließen ließ.[224] Anscheinend war es üblich, von anderen Personen entdeckte chemische und alchemistische Prozesse unter dem eigenen Namen zu veröffentlichen und offenbar waren auch immer wieder Frauen unter den „Entdeckern“. So publizierte Hartlib in seinem Buch *Ephemerides* Rezepte, die er in den 1640er- und 1650er-Jahren sowohl von Frauen als auch von Männern erhalten hatte und auch Robert Boyle erwähnte in seinen Manuskripten mehrfach Rezepte von Frauen.[225] Er verwendete in seinen Veröffentlichungen eindeutig auch Rezepte seiner Schwester.[226] Für Katherine Boyle Jones kam eine eigenständige Publikation ihrer Forschungsergebnisse offenbar nicht in Betracht.

Überhaupt war der Einfluss Katherines auf ihren berühmten Bruder und seine Arbeit vermutlich wesentlich größer, als heute bekannt ist. Man weiß, dass Katherine den zwölf Jahre jüngeren Robert in London mit den Intellektuellen ihrer Zeit bekannt machte und ihn in den Hartlib-Kreis einführte.[227] Darüber hinausgehende Einflüsse Katherines lassen sich aber nur indirekt erschließen. Die Geschwister unterhielten in Zeiten, in denen sie nicht zusammenlebten, einen angeregten intellektuellen Briefwechsel, von dem nur Bruchstücke erhalten sind.

Besonders intensiv aber waren die letzten beiden Jahrzehnte, die sie nicht nur miteinander lebten, sondern auch arbeiteten. Bemerkenswert ist, dass diese gemeinsamen Jahre die produktivsten in Robert Boyles Leben waren, was sehr an die gemeinsamen Jahre von Rebecca und Thomas Vaughan erinnert. Welchen Anteil Katherine an den in diesen Jahren veröffentlichten bahnbrechenden chemisch-alchemistischen Entdeckungen Roberts hatte, werden wir aber wohl nie erfahren, sofern nicht irgendwann die verschollenen Korrespondenzen von Katherine Boyle Jones wieder auftauchen sollten.

Marie de Bachimont (1621 – nach 1688)

In den 1670er-Jahren gab es in Frankreich eine Reihe von Aufsehen erregenden Giftmorden unter Adligen und führenden Politikern, die unter der Bezeichnung *affaire des poisons* (Giftaffäre) in die Geschichte eingegangen sind. Nach mehreren außergewöhnlichen Todesfällen hatte die Polizei umfangreiche Ermittlungen eingeleitet und innerhalb von kurzer Zeit zahlreiche Alchemisten, Wahrsager und medizinisch arbeitende Personen unter dem Verdacht der Giftmischerei verhaftet. Auch Frauen befanden sich unter den Verdächtigen, wie die Hebamme Catherine Monvoisin oder die Wahrsagerin Marie Bosse.
Einer der angeblich führenden Köpfe des „Giftzirkels" war der französische Alchemist Louis de Vanens (1647-1691), zu dessen engstem Kreis auch das Alchemistenehepaar Robert und Marie de Bachimont gehörte. Insgesamt wurden mehr als 300 Personen inhaftiert: Viele von ihnen wurden hingerichtet, einige starben unter der Folter und andere wurden lebenslänglich eingekerkert, darunter das Ehepaar Bachimont.

Die meisten Informationen über Marie de Bachimont liefern die Vernehmungsprotokolle und prozessinternen Niederschriften, die nach ihrer Verhaftung angefertigt wurden, doch gibt es noch einige weitere Hinweise auf ihre Person. Marie de Bachimont wurde 1621 unter dem Namen Marie de La Haye Saint-Hilaire als Kind einer bretonischen Adelsfamilie geboren, die auf dem Schloss La Haye in Saint-Hilaire-des-Landes in der Nähe von

Fougères lebte. Sie war die Tochter von Henri de La Haye Saint-Hilaire und Françoise Fouquet de Challainqu'il, die 1618 geheiratet hatten. Ein Jahr nach der Hochzeit brachte Françoise einen Sohn Christophe zur Welt und zwei Jahre später wurde Marie geboren.[228] Ein Onkel der beiden Kinder war der bekannte Superintendent Nicolas Fouquet (1615-1680).[229]

Im Alter von 18 Jahren heiratete Marie einen Monsieur Syméon de La Haye von Plessis-au-Chat, mit dem sie drei Kinder hatte. Von diesen Kindern überlebte aber nur eine Tochter, die später in der Region von Angers ansässig war.[230] Über die 35 Jahre währende Ehe mit Monsieur de Plessis ist nur wenig überliefert. Im Alter von 53 Jahren geriet Marie jedoch in die Schlagzeilen, weil ihr Ehemann sehr plötzlich verstorben war und sie nun verdächtigt wurde, ihn vergiftet zu haben. Unter dieser Anschuldigung wurde sie sogar angeklagt, aber aus Mangel an Beweisen freigesprochen.[231]

Nur drei oder vier Monate nach dem Tod ihres Mannes heiratete die Witwe erneut. Ihr zweiter Ehemann war Robert de Bachimont, ein Ritter des Ordens von Saint-Jean in Jerusalem und Kapitän im Regiment der Picardie.[232] Der etwa sieben Jahre jüngere Robert war sehr wohlhabend, besaß mehrere Landgüter und hatte eine große Leidenschaft: Die Alchemie.

Marie hatte Robert de Bachimont offenbar schon zwei Jahre vor dem Tod ihres ersten Mannes kennengelernt, lebte zu diesem Zeitpunkt allerdings schon getrennt von ihrem Gatten.[233] Während ihrer ersten Ehe verband sie eine jahrelange Bekanntschaft mit einem Mann namens Dominique de Mede, der sich schon in den 1660er-Jahren mit chemischen Prozessen und bevorzugt mit der

Herstellung von Kristallen und Edelsteinen beschäftigt hatte. Marie teilte sein Interesse offenbar, denn 1666 schlossen beide einen Vertrag mit dem Glasmacher Bernard Perrot über die gemeinsame professionelle Herstellung von Kristallen.[234] Mit dem Laborieren und der Anwendung chemischer Prozesse war Marie de Bachimont jedenfalls schon Jahre vor ihrer zweiten Ehe bestens vertraut.

Ihr zweiter Ehemann Robert de Bachimont widmete sich sehr intensiv der Alchemie und besaß mehrere Häuser und Wohnungen, die alle hervorragend mit alchemistischem Equipment ausgestattet waren. In einem Haus in Paris befanden sich allein vier Schmelzöfen und mehrere Wohnungen in Compiègne enthielten nichts außer Schmelztiegel, Brennkolben, verschiedenste Gefäße aus Glas und Steingut, offene und geschlossene Öfen und Unmengen von Pulvern, Pasten und Flüssigkeiten.[235] Darüber hinaus besaß er noch eine Niederlassung in der Nähe von Lyon, in der sich ebenfalls eine komplette Laboreinrichtung befand.

Bachimonts Hauptinteresse galt der Suche nach dem Stein der Weisen und damit seinem Verständnis zufolge der Herstellung von Gold. Dabei folgte er der unter Alchemisten weit verbreiteten Hypothese, dass sich Gold durch eine Verfestigung von Quecksilber herstellen ließe.[236] Er arbeitete mit mehreren anderen Alchemisten zusammen und gemeinsam gelang es ihnen um das Jahr 1678, falsche Silbermünzen herzustellen, die sie offenbar auch in Umlauf brachten.[237] Vermutlich war es Bachimont gemeinsam mit seiner Frau Marie aber schon früher gelungen, falsches Silber im Laboratorium zu produzieren. 1672, also zwei Jahre vor dem Tod ihres ersten Mannes, war Marie hoch verschuldet und hatte sich von verschiedenen Personen größere Mengen Geldes und Edelsteine geliehen.[238] Doch nur wenige Monate später konnte sie einem ihrer Gläubiger, dem Generalstaatsanwalt des Herzogs von Orléans, Gabriel Le Mazier, völlig unerwartet eine sehr große Summe in Silbermünzen zurückzahlen.[239]

Die Gruppe der Alchemisten um das Ehepaar de Bachimont hatte nach der erfolgreichen Transmutation von 1678 kaum Gelegenheit, ihren neuen Reichtum zu genießen, denn schon kurze Zeit später wurden alle Beteiligten im Zusammenhang mit der *affaire des poisons* unter dem Verdacht der Giftmischerei verhaftet. Betroffen waren sieben Personen: Die Alchemisten Vanens, Chasteuil, Cadelan, La Chaboissière, Terron sowie das Ehepaar Robert und Marie de Bachimont.[240]

Robert und Marie kamen im August 1679 in das Gefängnis von Pierre-Scize und wurden zwei Monate später nach Besançon überführt. Trotz der Bemühungen ihres Anwalts wurden sie wegen Giftmischerei zu lebenslanger Haft verurteilt und in die Festung von Saint-André de Salinsgebracht, wo sie sich eine Zelle teilten.[241] Dort versuchten sie 1683 eine Haftentlassung zu bewirken, indem sie behaupteten, einen Komplott gegen den König aufdecken zu können, erreichten dadurch aber nur eine Verschärfung der Haftbedingungen und wurden in Einzelzellen verlegt. Vermutlich erst fünf Jahre später wurde ihnen wieder erlaubt, eine gemeinsame Zelle zu belegen, doch das Ehepaar sorgte wieder für Aufruhr. Sie versuchten auf sich aufmerksam zu machen, indem sie aus dem Fenster ihrer Zelle riefen und auf Stofffetzen geschriebene Botschaften hinauswarfen. Doch auch dieser Verzweiflungsruf wurde umgehend bestraft und die beiden wurden einen Monat lang auf Wasser und Brot gesetzt.[242] Zu diesem Zeitpunkt waren Marie und Robert bereits seit zehn Jahren inhaftiert. Nachrichten über ihr weiteres Schicksal sind nicht überliefert und es muss davon ausgegangen werden, dass beide irgendwann im Gefängnis starben.

Leider wird in keiner Quelle genau gesagt, welchen Anteil Marie de Bachimont an den alchemistischen Studien ihres Mannes hatte. Funck-Brentano erwähnt in seinem Werk *Le Drame des poisons* mit keinem Wort, dass sie überhaupt selbst Alchemie betrieben hat. Doch es ist sehr wahrscheinlich, dass sie bei der Arbeit ihres Mannes mitwirkte. Dafür spricht allein schon ihre Mitverhaftung und Verurteilung, die sicherlich nicht grundlos erfolgt ist. Darüber hinaus zeigte sie ja auch schon während ihrer ersten Ehe ein aktives Interesse an chemischen Prozessen. Die Prozessakten aus den *Archives de la Bastille* deuten mehrfach an, dass ihr Interesse an der Alchemie über das schlichte Ausgeben des frisch hergestellten Silbergeldes hinausging und sie sich mit dem Laborieren bestens auskannte, weshalb sie also zweifelsohne in die Gruppe der Alchemistinnen aufgenommen werden kann.[243]

Christina Regina Hellwig, geb. Kratzenstein (um 1666 – nach 1712)

Ein klassisches Beispiel für eine Alchemistin, von der kaum mehr bekannt ist als ihr Name, ist die aus Erfurt stammende Christina Regina Kratzenstein. Da sich nur so wenig über sie und vor allem ihre alchemistische Arbeit in Erfahrung bringen lässt, ist es schwierig, sie einer der Gruppen zuzuordnen. Da ihre Existenz aber vor allem aufgrund des hohen Bekanntheitsgrades ihres Mannes überliefert wurde, ist sie in dieser Kategorie wohl gut aufgehoben.

Christina Regina wurde als Tochter des Pastors Heinrich Kratzenstein und seiner Frau Regina Weise in Erfurt geboren, soviel ist bekannt. Das Paar hatte 1665 geheiratet und mindestens vier Kinder bekommen. Ein Bruder Christinas wurde 1668 in Erfurt geboren und zwei weitere Geschwister kamen 1670 und 1674 in Merseburg zur Welt.[244] Da Christina vermutlich das älteste Kind war, wurde sie wahrscheinlich also um 1666 in Erfurt geboren. Ihre Mutter starb aber schon 1675 und ihr Vater heiratete erneut. Aus dieser zweiten Ehe gingen fünf weitere Kinder hervor, die alle in Erfurt geboren wurden, weshalb also anzunehmen ist, dass Christina Regina den größten Teil ihrer Kindheit in dieser Stadt verbrachte.

1688 heiratete die etwa 22-jährige Christina Regina den nur wenige Jahre älteren Arzt Christoph Hellwig (1663-1721), der später einige Berühmtheit erlangte.[245] Sie hatten vier Kinder, darunter mindestens zwei Söhne: Theo-

dor Andreas und Gottlob Hellwig. Der Sohn Theodor Andreas wurde 1694 in Frankenhausen geboren und erlangte ebenfalls einen guten Ruf als Mediziner, starb aber schon 1721.
Das Ehepaar Hellwig lebte von 1688 bis 1693 in der kleinen Stadt Weißensee, wo Hellwig als Arzt arbeitete. Anschließend war Hellwig drei Jahre in Frankenhausen tätig und zog dann mit seiner Familie nach Tennstedt, wo er bis 1712 eine Anstellung hatte. Danach kehrte das Paar nach Erfurt zurück, wo der Arzt eine angesehene Stelle als Stadtphysikus erhielt, zahlreiche Bücher schrieb, den Hundertjährigen Kalender erfand und schließlich 1721 starb.

Soviel lässt sich ganz allgemein über den Lebensweg Christina Regina Hellwigs, geborene Kratzenstein, und über ihren Ehemann sagen, dem in Zedlers *Universal-Lexicon* von 1735 sogar ein eigener Eintrag gewidmet wurde. Über Christina Regina ist in Zedlers Lexikon nichts zu finden, doch widmet Paullini ihr 1712 in der zweiten und erweiterten Ausgabe seines bemerkenswerten Buches über das *Hoch- und Wohl-gelahrte teutsche Frauenzimmer* einen Eintrag.[246] Da er im Präsens über sie schreibt, lässt sich schlussfolgern, dass sie zum Zeitpunkt der Veröffentlichung noch lebte – der letzte Hinweis auf ihr Leben, der sich finden lässt.
Paullini schreibt nun, sie wäre eine „*Liebhaberin von der teutschen Poesie*“ und „*eine Freundin von der Music*“ gewesen, die auch selbst dichtete sowie Klavier und Cister spielte, ein lautenähnliches Zupfinstrument. Ihr Hauptinteresse aber galt Paullini zufolge der „*Medicin und Chymie*“ und er äußert, dass sie „*das Gold ohne Feuer und Corrosiv zu solvi-*

ren“ verstanden hätte.[247] Dies ist der entscheidende Anhaltspunkt, den Harless in seiner 1830 erschienen Publikation über die *Verdienste der Frauen* auch als Hinweis auf ein Interesse der „*Hellwigin*“ an der Alchemie interpretiert.[248] In der Tat lässt die Wortwahl Paullinis kaum einen Zweifel zu. Leider bleibt Paullinis kurzer Text aber der einzige Beleg für ihre alchemistischen Studien.

An das notwendige Fachwissen konnte sie über die Studien ihres Mannes gelangt sein. Christoph Hellwig veröffentlichte zahlreiche Bücher, die vor allem medizinische, botanische, landwirtschaftliche und ähnliche Themen behandelten und es sind auch einige Werke alchemistischen Inhalts darunter. So legte er 1701 zwei alchemistische Veröffentlichungen mit den Titeln *Send-Schreiben vom Lapide Philosophorum und De vera solutione auri, oder Bericht von der wahren solutione auri* [...] *Nebst einem Sendschreiben, vom lapid philosophorum* vor. 1719 erschien ein weiteres Buch von ihm mit dem Titel Fasciculus unterschriebener alter raren und wahren philosophischen Schrifften vom Stein derer Weissen.

Paullinis Artikel lässt die Schlussfolgerung zu, dass Christina Regina Hellwig selbst im Labor gearbeitet hat. In welchem Umfang sie eigene Experimente durchgeführt hat oder an den Forschungen ihres Mannes beteiligt war, kann allerdings nicht gesagt werden. Christoph Hellwig lässt in seinen Büchern jedenfalls nichts über eine Mitarbeit seiner Frau verlauten.

Susanna von Klettenberg (1723 – 1774)

Unter Goethe-Kennern ist der Name Susanna von Klettenberg bestens bekannt. Doch außerhalb dieses Expertenkreises weiß kaum jemand von ihr und ohne ihre Freundschaft zu Goethe und ihre Erwähnung in *Dichtung und Wahrheit* wären diese Frau und ihre alchemistischen Tätigkeiten zweifelsohne in Vergessenheit geraten. Auch heute geht das Interesse an Susanna von Klettenberg kaum über ihre Bekanntschaft mit Goethe hinaus. Ihr Einfluss auf den jungen Dichter war allerdings auch nicht unbedeutend.

Susanna kam 1723 in Frankfurt am Main als älteste von drei Töchtern des Arztes Remigius von Klettenberg und der ebenfalls aus einer Arztfamilie stammenden Susanna Margaretha Jordis zur Welt.[249] Schon in ihrer Kindheit und Jugend war sie häufig krank, weshalb sie viel Zeit zu Hause verbrachte und dort auch unterrichtet wurde. Diese Jahre prägten sie offenbar sehr, denn abgesehen von wenigen Reisen verbrachte sie ihr ganzes Leben im Frankfurter Elternhaus, in dem sie 1774 im Alter von 51 Jahren auch starb.
Mit 19 Jahren verlobte Susanna sich mit dem zwölf Jahre älteren Juristen Johann Daniel Olenschlager, löste die Verlobung aber fünf Jahre später wieder auf und blieb fortan ledig. Wesentlicher Grund für die von ihr gewählte Ehelosigkeit war ihr starker christlicher Glaube, dem sie sich den größten Teil ihres Lebens intensiv widmete. Nach Auflösung ihrer Verlobung wandte sie sich dem hallischen und später dem herrnhutischen Pietismus zu.

Zwar wurde sie keine offizielle Stiftsschwester, bezog aber 1767 in ihrem Haus eine eigens eingerichtete klösterliche Zelle.[250]
Die Jahre 1765-1768 waren für Susanna von Klettenberg von einschneidenden Erlebnissen geprägt, denn in dieser Zeit starben ihr Vater und auch ihre beiden Schwestern, denen sie sehr nahe gestanden hatte.[251] Unmittelbar nach deren Tod erkrankte die 45-jährige Susanna selbst schwer. In dieser Zeit lernte sie den damals gerade 19-jährigen Johann Wolfgang Goethe näher kennen, der soeben aus Leipzig nach Frankfurt zurückgekehrt und ebenfalls schwer erkrankt war. Susanna von Klettenberg war bereits seit einiger Zeit mit Goethes Mutter befreundet und kannte auch ihren Sohn schon länger, doch erst in der Zeit ihrer beider Erkrankung bauten sie und der junge Goethe ein besonderes Verhältnis zueinander auf.[252] Ihre freundschaftliche Beziehung war sehr intensiv, doch ihre leidenschaftlichen Gespräche und gemeinsamen Studien wurden schon 1770 durch Goethes Fortgang nach Straßburg unterbrochen. Die freundschaftliche Verbindung bestand jedoch bis zu Susannas Tod weiter und sooft Goethe sich in Frankfurt aufhielt, besuchte er *„seine Klettenberg“*.[253] Noch wenige Monate bevor Susanna von Klettenberg starb, verfassten sie und Goethe gemeinsam einen Brief an ihrer beider Freund Johann Caspar Lavater[254] und kurz nach ihrem Tod schrieb Goethe an Sophie La Roche: *„Meine Klettenberg ist tot. Tot, ehe ich eine Ahndung einer gefährlichen Krankheit hatte. Gestorben, begraben in meiner Abwesenheit, die mir so lieb! so viel war“*.[255] Der große Einfluss der Freundschaft zu Susanne von Klettenberg auf den Dichter Goethe zeigt sich in mehreren seiner Werke, insbesondere in *Wilhelm Meisters Lehrjahre* und im *Faust.*

Über die alchemistischen Interessen der sehr religiösen Susanna von Klettenberg wäre wohl nichts überliefert worden, hätte Goethe nicht in seiner *Dichtung und Wahrheit* offen über ihre gemeinsamen Experimente geschrieben. Das Bild der laborierenden Alchemistin lässt sich nur schwer mit Klettenbergs Image als pietistische Stiftsschwester *„auf eigene Hand"* vereinbaren[256], ist aber, dank Goethes Niederschriften, nicht anzuzweifeln.
Goethe schrieb, dass er und Susanna von Klettenberg (oft gemeinsam) kabbalistische und alchemistische Schriften lasen, so von Paracelsus, Basilius Valentinus und Welling.[257] Gemeinsam führten sie auch Experimente durch, doch machte er deutlich, dass Klettenberg diese auch schon vor ihrer Bekanntschaft praktiziert hatte und schrieb: *„Meine Freundin, welche eltern- und geschwisterlos in einem großen wohlgelegenen Hause wohnte, hatte schon früher angefangen, sich einen kleinen Windofen, Kolben und Retorten von mäßiger Größe anzuschaffen, und operierte* [...] *besonders auf Eisen, in welchem die heilsamsten Kräfte verborgen sein sollten"*.[258] Er beschrieb verschiedene Experimente in Öfen, Sandbädern und Glaskolben, hielt seine Abhandlung zu diesem Thema aber kurz, da sein Interesse an der praktischen Alchemie anscheinend bald nachgelassen hatte.
Susanna von Klettenbergs Interesse währte offenbar länger als das des jungen Dichters, doch kam ihre Begeisterung für die Alchemie auch nicht von ungefähr, sondern hatte ihren Ursprung in der Familie. Drei Jahre vor ihrer Geburt sicherte sich bereits ihr Großonkel Johann Hector von Klettenberg als berühmt-berüchtigter Protagonist einen Platz in der Geschichte der Alchemie.[259] Er war 1684 in Frankfurt geboren worden und führte ein

bewegtes Leben: Nachdem er 1709 im Streit einen nahen Verwandten erstochen hatte, wurde er zum Tode verurteilt, woraufhin er umgehend floh. In den Folgejahren reiste er durch Europa, kehrte später aber wieder nach Deutschland zurück und machte sich nun einen Namen als Alchemist. Er veröffentlichte 1713 eine alchemistische Schrift mit dem Titel *Die entlarffte Alchymia*, in der er unter anderem berichtete, dass ein namentlich nicht genannter Mann (ganz offensichtlich er selbst) unter Beihilfe seiner Frau alchemistische Studien betrieben und dabei umfangreiche Sachkenntnis erlangt hätte.

Johann Hector von Klettenberg alchemisierte zunächst im Dienste verschiedener Adliger und wandte sich schließlich mit seiner unehelichen Frau an den sächsischen Kurfürsten August den Starken in Dresden, dem er versprach, Gold herzustellen. Der Herrscher schloss mit ihm 1714 einen Vertrag, demzufolge Klettenberg ein schönes Haus mit eigenem Laboratorium bei Dresden und eine ordentliche Geldsumme erhielt und sich im Gegenzug zur Goldmacherei verpflichtete. Als Klettenberg sich nach mehreren Jahren jedoch noch immer nicht in der Lage zeigte, das begehrte Edelmetall herzustellen, wurde er 1718 inhaftiert. Er behauptete zwar weiterhin, den *Stein der Weisen* herstellen zu können, wurde aber schließlich zum Tode verurteilt und 1720 hingerichtet. Über das Schicksal seiner Frau bzw. Gefährtin berichtet die einschlägige Literatur nichts, immerhin findet sie 1785 im *Beytrag zur Geschichte der höhern Chemie* als *„eine nicht ungeschickte Mitarbeiterin an dem chemischen Werk“* Erwähnung.[260]

Die Verbindung zwischen Susanna von Klettenberg und ihrem Großonkel besteht vor allem darin, dass sie anscheinend seine umfangreiche alchemistische Bibliothek geerbt hat.[261] Diese bot ihr einen hervorragenden Einstieg in die Kunst des Alchemisierens, der sie mit so großer Leidenschaft nachging. Ihr Interesse an der Alchemie war jedoch gänzlich verschieden von dem ihres Großonkels. Sie verfolgte vor allem eine mystisch-philosophische Alchemie, die sie im Einklang mit ihrer pietistischen Weltanschauung sah. Die Transmutation von Metallen war für sie eher von sekundärem Interesse. Kurze Zeit vor ihrem Tod schrieb sie an ihren Freund Lavater: „*Ich habe ein aurum potabile empfangen, einen Unverwesslichen Tropfen genossen, der bildet alles um, der Gestaltet mich*".[262] Die Leidenschaft der frommen Susanna von Klettenberg für die Alchemie war aus christlich-religiöser Sicht allerdings so befremdlich, dass sie von Dechent in seiner Biographie über die Pietistin nicht einmal erwähnt wird.[263]

V. Die Betrügerinnen

Betrüger tauchen in der Geschichte der Alchemie immer wieder auf und die Schilderungen ihrer Gaunereien und Schicksale nehmen in den einschlägigen Werken stets besonderen Raum ein. Als alchemistischer Betrug gilt vor allem die absichtliche Vortäuschung der Herstellung von Edelmetallen, also Gold und Silber. Besonders beliebt sind Anekdoten, in denen einflussreiche und berühmte Herrscher von angeblichen Alchemisten unter dem Versprechen der Goldmacherei um größere Geldsummen betrogen wurden.

Unter solchen Betrügern gab es natürlich auch Frauen. Bemerkenswert ist aber, dass die Geschichten über diese Frauen in den alchemistischen Übersichtswerken des 18. und 19. Jahrhunderts unverhältnismäßig viel Raum einnahmen – unverhältnismäßig vor allem im Vergleich mit den Erwähnungen von „ehrlichen" Alchemistinnen. In nahezu allen größeren Abhandlungen zur Alchemiegeschichte werden Frauen überwiegend dann erwähnt, wenn sie angeblich als Betrügerinnen auftraten. Diese Geschichten werden außerdem in besonderer Ausführlichkeit geschildert, während andere Alchemistinnen, wenn überhaupt, meist nur in einem kurzen Satz Erwähnung finden. Dadurch wird das Bild vermittelt, dass Frauen kaum bzw. nie ernsthafte Studien betrieben, sondern hauptsächlich betrogen haben.

Vielen der Frauen, die in dieser Porträtsammlung vorgestellt werden, wurden betrügerische Absichten unterstellt. Die meisten von ihnen werden hier allerdings im Kontext anderer Gruppen genannt, so die Kaiserin Barbara von Cilli, Caterina Sforza, Marie de Bachimont, Martine de

Bertereau oder die Frau von Regensburg. In diesem Kapitel sollen lediglich zwei Frauen näher betrachtet werden, denen in den alchemistischen Übersichtswerken in besonderer Ausführlichkeit betrügerische Absichten vorgeworfen wurden.

Anne Marie Ziegler (um 1545 – 1575)

Die wohl bekannteste Frau, die als Alchemistin arbeitete und allgemein als Betrügerin angesehen wurde, ist Anne Marie Ziegler, genannt die Zieglerin.

Sie wurde um 1545 als Tochter des adligen Ehepaars Caspar von Ziegler und Clara von Schomberg in Pillnitz geboren und verbrachte ihre frühe Jugend als Edelfräulein im Dresdener Schloss, wo sie aber schon im Alter von 14 Jahren von einem Junker namens Nikolaus von Hondorf geschwängert wurde. Da am Hofe das Gerücht aufkam, sie hätte ihr Kind kurz nach der Geburt ertränkt, verließ das Mädchen wenig später den Dresdener Hof und heiratete bald darauf einen Adligen aus dem Hause von Rottenburg auf Grunenberg in Königswartha. Diese Ehe währte jedoch nur ein paar Wochen, da ihr Mann tödlich verunglückte. Die darauffolgende Zeit verbrachte die jugendliche Witwe bei ihrem Bruder Hans von Ziegler in Gotha, bis sie 1564 schließlich durch dessen Vermittlung und „*sehr gegen ihre Wünsche*“, wie Rhamm schreibt, eine zweite Ehe mit dem Kammerdiener und Hofnarren Johann Friedrich Heinrich Schombach einging, der wegen eines Sehfehlers auch „*Schielheinze*“ genannt wurde.[264]

Die Zieglerin und ihr neuer Ehemann lebten zunächst in Gotha, wo sie sich mit dem Alchemisten Philipp Sömmering anfreundeten. Dieser arbeitete für den Herzog Johann Friedrich und hatte ihm versprochen, Gold herzustellen. Als der Verdacht aufkam, seine Goldmacherei könne Betrug sein, flüchtete Sömmering mit dem Geld, das er als Vorschuss erhalten hatte und die beiden Eheleute begleiteten ihn.[265] Sie gelangten nach Schmalkaden, doch da der ehemalige Hofnarr zuvor weitreichende Intrigen angezettelt hatte, mussten sie auch aus dieser Stadt fliehen. Der Zieglerin gelang es, ihren Mann versteckt auf einem Bauernwagen aus der Stadt zu bringen und anschließend zogen die drei gemeinsam durch die Lande.[266]

Im Frühjahr 1571 gelangten sie schließlich an den Hof des Herzogs Julius von Braunschweig in Wolfenbüttel. Da Sömmering und das Ehepaar dem Regenten versprachen, sie könnten eine Tinktur zur Herstellung von Gold anfertigen, nahm der Herzog die Freunde unter Vertrag. Er richtete ihnen in der *Alten Apotheke* in Wolfenbüttel ein Laboratorium ein und stellte ihnen größere Geldsummen zur Verfügung. Sömmering nahm direkt am Laboratorium in der *Alten Apotheke* Quartier, während Schombach und die Zieglerin auf Kosten des Herzogs im *Gartenhof*, einer Herberge in der Heinrichstadt, untergebracht wurden.[267]

Vor allem Sömmering und die Zieglerin verkehrten bald intensiv am Hofe, wurden mit dem Herzog recht vertraut und experimentierten nebenbei intensiv im Laboratorium. Anne Maries Ehemann hatte an der Alchemie dagegen kaum Interesse und arbeitete vor allem als Bote, weshalb er viel unterwegs war. Von Anfang an wurde der Zieglerin jedoch von höchster Ebene Misstrauen entgegen gebracht: Hedwig von Brandenburg, die Gemahlin des Herzogs, feindete sie offen an und Anne Marie klagte schon früh gegenüber dem Herzog, „*dass die hohe Frau grimmigen Zorn auf sie geworfen habe*".[268] Hedwig bezichtigte die Zieglerin des Betruges, doch der Herzog schenkte den immer wieder aufkommenden Anschuldigungen zunächst keine Beachtung. Es ist wohl anzunehmen, dass bei den Anschuldigungen der Herzogin auch Eifersucht eine Rolle spielte, denn die Zieglerin war offenbar eine sehr einnehmende Persönlichkeit. Sie wird als *„rundliches Weiblein"* mit einem *„zarten Gliederbau"* geschildert, das *„gar schwach auf den Beinen"* war, angeblich weil sie zu früh geboren wurde.[269] Gleichzeitig besaß sie eine *„persönliche Liebenswürdigkeit"* und hatte Geist, Entschlossenheit und eine unerschöpfliche Erfindungsgabe.[270] Rhamm zufolge war sie so hinreißend, dass ihr schon während ihrer Jugend in Dresden zahlreiche Herrscher verfallen waren und sie reihenweise sogar heiraten wollten, u. a. König Friedrich von Dänemark, Ludwig von Hessen-Marburg und Johann Friedrich von Sachsen.[271] Außerdem gab es Gerüchte, dass die Zieglerin *„tagtäglich zum Herzog Julio und frei in Seiner fürstlichen Gnaden Gemach gehe"*, was für die Herzogin schon allein Grund genug gewesen sein dürfte, die Alchemistin aus dem Weg zu schaffen.[272]

Die Herzogin also bezichtigte die Zieglerin immer wieder der Betrügerei und nach einer Reihe von Intrigen, Ränken und Vorkommnissen wurde der Alchemistin 1574 schließlich vorgeworfen, sie hätte die Herzogin schädigen wollen, indem sie *„unter Anrufung des Teufels und aller seiner Gesellen* [...] *aus Molchen und Kröten ein starkes Gift"* zusammenbraute, das über der Herzogin ausgeschüttet und diese dadurch krumm und lahm werden sollte.[273] Nach diesen Anschuldigungen wurde die Lage für Sömmering, die Zieglerin und ihren Ehemann so bedrohlich, dass sie schließlich flohen, aber schon wenig später in Goslar aufgespürt und verhaftet wurden.

Die nun folgenden Verhöre fanden unter schwerster Folter statt und müssen entsetzlich gewesen sein. Zunächst wurde eine Dienerin der Zieglerin mit Hilfe von Daumenschrauben zu einer Aussage gebracht, anschließend wurde Sömmering fast einen Monat lang täglich ununterbrochen von morgens bis zur Dämmerung verhört. Unterbrechungen gab es nur an Feiertagen oder „*wenn die Nachwehen der Marter eine jeweilige Schonung des Inquisiten geboten erscheinen* [ließen]".[274] Dergleichen „Verhören" wurden auch die Zieglerin und ihr Ehemann unterzogen. Dieser gab schließlich als erster auf und legte ein umfassendes Geständnis ab, um der Marter zu entkommen. Die Zieglerin widerstand am längsten und beteuerte trotz schwerer Folterungen ihre Unschuld, was Verwunderung und Mitleid beim Herzog und bei den Räten hervorrief. Letztendlich legte aber auch sie ein Geständnis ab.[275] Die drei Hauptangeklagten und mehrere ihrer angeblichen Helfer wurden zum Tode verurteilt und am 7. Februar 1575 öffentlich hingerichtet. Während Sömmering und Schombach „*mit glühenden Zangen zerrissen, geschleift und geviertheilt*" wurden, ist Anne Marie Ziegler „*mit Zangen gezwickt und in einem eisernen Stuhle verbrannt*" worden.[276]

Die Zieglerin wurde als Betrügerin, Verräterin und Giftmischerin verurteilt und auf grausame Weise hingerichtet. Die von Rhamm aufgeführten „Beweise" scheinen die Anschuldigungen auch zu bestätigen. Aus heutiger Sicht erscheinen die meisten der „Beweise" allerdings höchst windig und es ist offensichtlich, dass verschiedene Personen, wie beispielsweise die Herzogin Hedwig, ein ganz persönliches Interesse daran hatten, die Zieglerin aus dem Wege zu schaffen. Ob sie nun wirklich Verrat begangen oder betrügerische Absichten gehabt hat,

ist schwer zu sagen. Tatsache aber ist, dass sie ein großes persönliches Interesse an der Alchemie hegte.
Dieses Interesse entwickelte sie offenbar schon früh, bereits während ihrer Zeit in Dresden. Sehr wahrscheinlich erwarb sie dort auch schon ein Grundlagenwissen und eine gewisse Praxis in ihrer Zeit als Edelfräulein am Hofe der Kurfürstin Anna von Sachsen, die sich selbst als Alchemistin betätigt hat und die größten Destillierhäuser weit und breit unterhielt. Eines ihrer Laborhäuser befand sich in Dresden südlich des Schlosses am Taschenberg und wurde um 1554 errichtet, als Anne Marie Ziegler etwa neun Jahre alt war.
Ihr Fachwissen konnte sie im Laufe der Jahre vertiefen, u. a. mithilfe des Adepten Carl von Oettingen, der als ihr alchemistischer Tutor bezeichnet wird und ihre Arbeiten teilweise auch finanziell unterstützte.[277] Während ihrer Jahre in Wolfenbüttel hatte sie außerdem (vermutlich uneingeschränkten) Zugriff auf die gut sortierte Bibliothek des Herzogs von Braunschweig und nicht zuletzt konnte sie ihr Wissen auch durch die Zusammenarbeit mit Sömmering vertiefen, der ihre Kenntnisse übrigens zu schätzten wusste.
Die Tätigkeiten der beiden Adepten für den Herzog waren vielfältig. Ihr Hauptziel war natürlich die Herstellung der Goldtinktur, für die sie unter anderem gemeinsam nach *„heilkräftigen und nützlichen Kräutern"* suchten.[278] Neben dieser Tinktur wünschte der Herzog aber noch verschiedene andere Dinge, wie die Herstellung künstlicher Perlen und medizinische Hilfe. Die überlieferten Unterlagen Sömmerings enthalten verschiedene Rezepte, beispielsweise eines gegen Hühneraugen, in dem es heißt: *„nehmt ein Loth Mercurium sublimatum und schön rein kupfer, 2*

Loth aqua regis (ist stark Scheidewasser), von album vitriol. 3 Pfund, salpeter 1 Pfund und ½ Pfund sal Ammoniac, gießt das aquae regis auf den sublimatum Mercurium und das Kupfer und destillir` das Wasser per Alembicum in balneo Mariae".[279] Da die Zieglerin mit Sömmering eng zusammenarbeitete, war sie mit alchemistischen Rezepten dieser Art bestens vertraut.

Neben ihrer gemeinsamen Arbeit in der Alten Apotheke führte die Zieglerin auch eigenständige Experimente durch. Es ist überliefert, dass sie selbst ein eigenes Laboratorium besaß, in dem sie unabhängig von Sömmering experimentierte und auch einen eigenen Assistenten beschäftigte.[280] Im Jahre 1573 versuchte sie nach einem Zwist mit Sömmering die Goldtinktur alleine herzustellen „*und gab sich auf ihrem Laboratorium mit so auffälligem Eifer alchemistischen Destillationen hin, dass Philipp eilends Nachschlüssel anfertigte, um den Fortgang ihrer Arbeiten überwachen zu können*", wie Rhamm berichtet.[281]

Schriftliche Hinterlassenschaften von der Hand der Zieglerin über ihre alchemistischen Arbeiten blieben nicht erhalten. Der einzige Beleg für ihre Arbeit ist ein 20-seitiges Manuskript mit einer Anleitung zur Herstellung des *Steins der Weisen*, das sie 1573 dem Herzog schenkte. Das Rezept hatte sie, eigenen Worten zufolge, vom Grafen Carl von Oettingen erhalten, der angeblich ein illegitimer Sohn des berühmten Paracelsus gewesen sein und von diesem die Kunst der Goldherstellung erlernt haben soll.[282] Es schildert sowohl einen Weg zur Herstellung des Steins der Weisen als auch seine vielfältigen Anwendungsbereiche, die neben der Erzeugung von Gold und verschiedenen Edelsteinen auch die Heilung von Krankheiten umfassten.[283]

An den Fachkenntnissen der Zieglerin und ihrer Passion für die Alchemie kann also kein Zweifel bestehen und die Überlieferungen lassen erkennen, dass sie offenbar selbst daran geglaubt hat, den *Stein der Weisen* herstellen zu können. In dieser Hinsicht war sie also definitiv keine Betrügerin sondern kann eher als Illusionistin bezeichnet werden.

Frau von Pfuel (18. Jahrhundert)

Die zweite der hier vorgestellten angeblichen Betrügerinnen ist als Frau von Pfuel (oder auch Frau Pfuhl) in die Geschichte der Alchemie eingegangen. Über ihre Person ist nur sehr wenig bekannt und es wurde nicht einmal ihr Vorname überliefert. Berühmtheit erlangte sie dadurch, dass sie dem Preußenkönig Friedrich dem Großen die Herstellung von Gold versprochen hatte, was aber – wie in allen solchen Fällen – natürlich nicht gelang. Ihre Geschichte ging dann als eine der zahlreichen unterhaltsamen Anekdoten über den legendären König in die Annalen ein und taucht daher in nahezu jedem Übersichtswerk zur Alchemie als *example par excellence* einer „*hochstaplerische*[n] *Alchemistin*" auf.[284]

Bekannt ist, dass Frau von Pfuel aus Sachsen stammte und „*mit zwey sehr schönen Töchtern*" an den Hof Friedrichs des Großen kam.[285] Der Hofarzt, Johann Georg Zimmermann, berichtete über die Ereignisse und zitierte den Regenten höchstpersönlich. Seinen Worten zufolge waren alle drei, Frau von Pfuel und ihre beiden Töchter (deren Namen nicht bekannt sind), mit der Alchemie bestens vertraut, denn sie „*trieben das Handwerk kunstmässig*". Friedrich der Große war zunächst skeptisch, doch es gelang ihm nicht, ihnen Betrug nachzuweisen und Zimmermann zitierte ihn mit den Worten: „[obwohl] *ich diese Alchemistinnen unter genauer Aufsicht arbeiten* […] [ließ] […] *machte die Frau von Pfuel die Sache so wahrscheinlich, dass ich alle Versuche erlauben musste*".[286]

Friedrich II. galt als aufgeklärter Monarch, der von Alchemie wenig hielt, doch konnte er der Versuchung, auf leichtem Wege zu Gold zu gelangen, nicht widerstehen. Frau von Pfuel, offensichtlich eine Adlige, die in der Geschichte auch unter dem Namen *Frau von Nothnagel* auftrat, war ihm von seinem früheren Kammerdiener und Vertrauter Michael Gabriel Fredersdorf als kundige Alchemistin empfohlen worden. Friedrich empfing Frau von Pfuel im Jahre 1753, doch ist anzunehmen, dass sie sich schon länger in Potsdam und Berlin aufhielt.[287] Da der Regent zunächst kritisch war, wollte er sein Treffen mit der Adeptin geheim halten und gab die Anweisung, dass Frau von Pfuel zu ihrer ersten Unterredung in „*Mannskleidern*" erscheinen sollte.[288] Sie konnte ihn jedoch sehr schnell von ihren alchemistischen Fähigkeiten überzeugen und der König setzte schließlich einen Vertrag über die Herstellung von Gold mit ihr auf. Dennoch blieb Friedrich weiterhin skeptisch und ließ das von ihr „*künstlich hergestellte Gold*" in der Münze prüfen. „*So*", schrieb der König an Fredersdorf, „*kann uns keiner in die Karten gucken*".[289] Die Prüfung verlief anscheinend zufriedenstellend, denn anschließend arbeitete die Alchemistin eine kurze Zeit für den Regenten. Letztlich gelang es der Alchemistin aber offenbar wohl doch nicht, die Wünsche Friedrichs zufrieden zu stellen, denn noch im November desselben Jahres wurde die Zusammenarbeit beendet und der Vertrag aufgehoben. Bis zu diesem Zeitpunkt hatte der Regent allerdings schon „*weit über zehntausend Thaler*" in die Experimente der Frau von Pfuel investiert.[290]

Friedrich unternahm noch einige weitere Versuche zur Transmutation mit anderen Alchemisten, gab die Goldmacherei aber schließlich auf und kam zu dem Schluss: *„eine Narrheit bleibt es immer an die Verwandlung der Metalle zu glauben“*.[291] Sein Kammerdiener Fredersdorf hoffte hingegen nach wie vor auf den schnellen Reichtum und ließ sich wenig später auf eine Alchemistin namens Rosa ein, die ihm aber letztlich auch nicht zu dem erhofften Goldsegen verhelfen konnte.[292]

Über das weitere Schicksal der Frau von Pfuel und ihrer gleichfalls in der Alchemie bewanderten Töchter ist nichts bekannt. Anscheinend blieben ihre erfolglosen Experimente ungestraft und sie zogen wohl weiter. In ihrem Falle ist wohl kaum zu bezweifeln, dass sie in betrügerischer Absicht an den König herangetreten waren und (offenbar erfolgreich) versucht haben, ihn um ein paar Taler zu erleichtern. Nichtsdestotrotz sind aber auch diese drei Frauen als sachkundige Adepten anzusehen, welche die Kunst der Alchemie professionell beherrschten.

VI. Die Namenlosen

Die Gruppe der namenlosen Alchemistinnen ist besonders wichtig, weil davon auszugehen ist, dass die meisten der alchemisierenden Frauen – absichtlich oder unabsichtlich – in der Anonymität gearbeitet hat. Eine Folge dieser Arbeit im Verborgenen ist, dass wohl der weitaus größere Teil dieser Frauen in Vergessenheit geraten ist. Diejenigen, von deren Arbeit doch immerhin einige Bruchstücke überliefert sind, lassen sich in zwei Gruppen unterteilen. Eine Gruppe umfasst all jene Frauen, die absichtlich im Verborgenen arbeiteten. Die andere Gruppe vereint alle Alchemistinnen, die nicht unbedingt absichtlich im Geheimen tätig waren, sondern überlieferungsbedingt anonym oder halbanonym auf uns gekommen sind, d. h. von denen schlichtweg aus Mangel an Quellen nicht einmal mehr die vollständigen Namen bekannt sind. Zu diesen gehören auch einige Frauen, die schon in anderen Kapiteln genannt wurden, wie Madame de la Martinville oder Frau von Pfuel. Es zählen aber auch jene Frauen dazu, die nur in Randbemerkungen der Geschichtsschreibung auftauchen und über die wir deshalb kaum mehr als ein oder zwei Sätze sagen können, wie etwa die beiden Töchter der Frau von Pfuel oder die Alchemistin Rose, die ebenfalls im Zusammenhang mit Frau von Pfuel erwähnt wurde. Ihre Arbeit war sicher nicht weniger interessant als die der anderen Frauen, doch schweigen die Schriftquellen hartnäckig über sie.

Auch die Gruppe der absichtlich unbekannt gebliebenen Alchemistinnen wird recht groß gewesen sein. Ihre Arbeit ist für uns aber höchstens noch in Form von anonymen Veröffentlichungen sichtbar. Es gibt eine ganze Reihe von anonymen oder pseudonymen alchemistischen Publikationen, vor allem aus dem 16. bis 18. Jahrhundert, doch nur sehr wenige lassen sich eindeutig weiblichen Autoren zuordnen und nur von drei der Autorinnen konnten die wahren Identitäten ermittelt werden: Zwei von ihnen werden in diesem und die dritte im folgenden Kapitel vorgestellt.

Die Frau von Regensburg (18. Jahrhundert)

Die erste der hier vorgestellten Frauen ist eine Alchemistin, die in den Quellen nur als „Frau von Regensburg" bezeichnet wird. Erwähnt wurde sie zuerst von Johann Heinrich Gottlob von Justi in seinen 1761 erschienen *Chymischen Schriften.* Justi zufolge kam zu Beginn des Jahres 1752 eine Frau aus Regensburg nach Wien und versprach dort mehreren interessierten und begüterten Leuten gegen eine Bezahlung von 2.000 Gulden, ihr bereits vorhandenes Gold durch eine komplizierte Verschmelzung verschiedener Metalle und anderer Zutaten stark zu vermehren, das heißt also Gold herzustellen.[293]

Damit ließe sich diese Frau auf den ersten Blick in die Reihe der Betrügerinnen stellen, allerdings ist interessant, dass sowohl Justi als später auch Schmieder der Arbeit der Regensburgerin in ihren Abhandlungen ungewöhnlich viel Platz einräumten. Grund dafür ist aber nicht etwa die sonst so gern praktizierte wortreiche Schilderung des angeblichen Betruges, sondern dass die Alchemistin ihre Experimente anscheinend sehr erfolgreich durchführte und das vorhandene Gold augenscheinlich tatsächlich vermehren konnte. Justi und Schmieder fühlten sich offenbar genötigt, der Regensburgerin mithilfe längerer und umständlicher Schilderungen doch einen wie auch immer gearteten Betrug nachzuweisen. Dieser Nachweis war allerdings schwer zu erbringen, da die Frau sich offensichtlich seriös und korrekt verhielt. Sie schloss mit ihren Kunden nicht nur einen ordentlichen schriftlichen Vertrag ab, sondern verlangte die 2.000

Gulden auch erst, wenn der Herstellungsprozess gelungen war. Justi schreibt, dass die Alchemistin dadurch mehr als 20.000 Gulden eingenommen und einige der Zahlungen sogar *„durch richterliche Hülfe“* eingetrieben haben soll. Er gibt auch zu, *„daß es der Gerechtigkeit nicht ungemäß gewesen sey, denn die Contrahenten konnten nicht läugnen, dass der mitgetheilte Proceß seine Richtigkeit, und die Frau alles dasjenige vollkommen erfüllt hätte, was sie in dem Contracte versprochen hatte“*.[294]

Demnach war die Regensburgerin also doch keine Betrügerin sondern lediglich eine geschäftstüchtige Frau, die mit der Alchemie bestens vertraut war und ihr Handwerk verstand. Justi schreibt, dass er das Rezept der Alchemistin selbst von einem Freund erhalten und dem Experiment mehrfach beigewohnt habe und gibt zu, dass es so gut funktionierte, dass er entschieden habe, es nicht öffentlich zu machen. Trotzdem kann er nicht umhin, einen „kurzen“ dreieinhalbseitigen Abriss des Experimentes niederzuschreiben, der deutlich erkennen lässt, dass die Regensburgerin einen sehr komplexen und langwierigen chemischen Prozess vorgeführt hatte. Allerdings handelte es sich Justi und Schmieder zufolge lediglich um eine gewöhnliche, wenn auch vortrefflich gelungene chemische Transmutation und nicht um ein echtes Rezept zur Herstellung des legendären *Steins der Weisen*, die außerdem *„so langweilig und beschwerlich* [sei], *dass auch hier der Vortheil nicht gar zu groß ist, wenn man seine Zeit nicht vor gar umsonst rechnet“*.[295]

Es kann also weder behauptet werden, dass die Frau aus Regensburg eine Betrügerin gewesen sei, noch dass sie von der Alchemie nichts verstanden hätte, sondern sie ist mit Fug und Recht als erfolgreiche Alchemistin zu bezeichnen. Nach ihrem kurzen Intermezzo in Wien zog sie Justi zufolge weiter. Wohin ist nicht bekannt, aber sie hatte nun so viel Vermögen, dass ihr alle Wege offen standen.

Madame d'Orbelin (18. Jahrhundert)

Die zweite Alchemistin ist eine „Frau von Orbelin" bzw. „Madame d'Orbelin", die um 1785 als Adeptin aufgetreten ist. Von ihr wissen wir vor allem durch einen Artikel, der in Lichtenbergs „*Magazin für das Neueste aus der Physik und Naturgeschichte*" erschienen ist.[296] Demnach hat Madame d'Orbelin, offensichtlich eine Frau aus adligem Hause, in Paris laboriert und dort eine Methode gefunden, nach der sie Quecksilber so fixieren konnte, dass es sich ohne Beimengung metallischer Substanzen wie jedes andere Metall schmelzen ließ. Die Fixierung, das heißt die „Verdichtung" von Quecksilber zu einem festen und feuerbeständigen Metall, stellte in der Alchemie ein immerwährendes Problem dar, dessen Lösung eine zentrale Aufgabe der Adepten war. Madame d'Orbelin war es anscheinend gelungen, ein entsprechendes Verfahren zu entwickeln, das auch noch sehr einfach war und in nur einer Stunde durchgeführt werden konnte.[297] In einem Brief an einen namentlich nicht genannten Baron schreibt die Alchemistin: „*Die Fixirung des Merkurs, die so lange vergebens der Gegenstand vieler Versuche gewesen ist, kommt endlich noch unter den Händen eines Frauenzimmers zustande*".[298] Sie lädt den Baron ein nach Paris zu kommen und sich das Experiment mit eigenen Augen anzusehen.

Der Brief lässt erkennen, dass Madame d'Orbelin sich der Tragweite ihrer Entdeckung bewusst war, dabei schildert sie sich und ihre alchemistischen Fähigkeiten und Ambitionen aber mit deutlicher Zurückhaltung und Bescheidenheit. „*Sehen Sie also ein neues Metall, so fest und solid, daß es eine Stelle unter den übrigen erhalten kann, ich be-*

stimme ihm weder den Rang noch die Verwandschaft, worinn es mit den übrigen Metallen steht, dies mögen die Mineralogen thun, die mehr Geschicklichkeit haben als ich“ schreibt sie, und weiter: „*Diese mögen auch den Grad der Vollkommenheit untersuchen, zu welchem es vielleicht noch gebracht werden kann, nicht weniger auch den Nuzzen, den es in der menschlichen Gesellschaft und der Metallurgie zu leisten fähig ist; ich begnüge mich im Stillen mit dem Vergnügen, ein Problem aufgelößt zu haben, welches die geschicktesten Chemiker bisher für unauflöslich hielte*“.[299] Ihr ist also eindeutig an einer Arbeit „im Stillen“ gelegen, doch mochte sie sich angesichts der Wichtigkeit ihrer Entdeckung offenbar nicht das Vergnügen nehmen lassen, ihre Freude darüber mit jemandem zu teilen.

Diese bewusste persönliche Zurückhaltung hat sie dann konsequent weiter praktiziert, denn es sind keine anderen Nachrichten über sie und ihre alchemistischen Arbeiten bekannt geworden. Anscheinend ist aber auch die von ihr entdeckte Fixierungsmethode nicht an die Öffentlichkeit gelangt, denn auch von dieser gibt es keine weiteren Nachrichten. Ob sie tatsächlich funktionierte oder nur ein alchemistischer Irrweg war, lässt sich nicht mehr sagen.

Die Schwestern zu Rodaun (Mitte 18. Jahrhundert)

Über die „Schwestern zu Rodaun" ist besonders wenig überliefert. Im Grunde gibt es lediglich eine einzige Bemerkung von Schmieder in seiner „Geschichte der Alchemie", in der er mitteilt: „*Um die Mitte des* [18.] *Jahrhunderts gewann es den Anschein, als ob das, was die Alchemisten ein Opus mulierum nennen, in der That zur Frauenarbeit werden sollte. Die Schwestern zu Rodaun hatten schon einige Fortschritte in der Alchemie gemacht.*"[300]
Abgesehen von seiner bemerkenswerten Äußerung über die „*Frauenarbeit*" sagt Schmieder also nur, dass es in Rodaun Schwestern gab, die Alchemie betrieben haben. Was für Schwestern sie waren, Geschwister oder religiöse Ordensschwestern, und welcher Art ihre Forschungen waren, lassen sich diesem Satz nicht entnehmen. Immerhin weist seine Bemerkung über „*einige Fortschritte*" darauf hin, dass die Schwestern wohl intensiv und erfolgreich arbeiteten.
Trotz der dürftigen Informationen, können dennoch einige Vermutungen über die Schwestern angestellt werden. Rodaun, heute ein Stadtteil Wiens, war in der Mitte des 18. Jahrhunderts eine südwestlich der österreichischen Hauptstadt gelegene eigenständige Gemeinde. Der kleine Badeort geriet in der fraglichen Zeit, genauer im Jahre 1746 oder 1747, in den Fokus der Öffentlichkeit, weil plötzlich ein österreichischer Alchemist mit dem Namen Sehfeld dort auftauchte und beim Bademeister Ehrengott Friedrich Quartier nahm.[301] Sehfeld richtete im Badehaus ein Laboratorium ein, begann zu experimentieren und zog bald den Hausbesitzer Friedrich und

dessen Familie, seine Frau und drei erwachsene Töchter, ins Vertrauen, denen er mitteilte, er könne Gold herstellen. Zum Beweis dafür verwandelte er ein Pfund Zinn in Gold, das von Friedrich sofort in die Wiener Münze gebracht wurde, die ihm die Echtheit des Edelmetalls bestätigte.

Daraufhin schlossen Friedrich und Sehfeld einen Vertrag über die Herstellung von Gold im eingerichteten Laboratorium ab und „*vergnügt und sorgenlos widmete er sich nun seinem Geschäfte, und machte wöchentlich zweimal Gold, wobei Friedrich, dessen Frau und Töchter allemal gegenwärtig und behülflich waren.*“[302]

Justi schreibt 1761, also mehrere Jahre später, dass die Töchter ihm detailliert von den Experimenten berichtet hätten und auch eigenständig versucht hatten, Gold herzustellen. Da ihnen das zunächst nicht gelang, half Sehberg den Frauen, bis sie selbst Transmutationen durchführen konnten. Die gemeinsame Arbeit ging mehrere Monate gut, doch schließlich erregte die immer größer werdende Menge Gold, die in Umlauf gebracht wurde, gewaltiges Aufsehen und Ärgernis, weshalb Sehfeld schließlich verhaftet wurde. Nach einiger Zeit im Kerker wurde er unter Bewachung wieder freigelassen, verschwand kurze Zeit später spurlos und tauchte nicht wieder auf.

Bei seiner Verhaftung hatte Sehfeld das Laboratorium mit allen Gerätschaften und Zutaten im Badehaus zurücklassen müssen. Justi ließ sich später von den Töchtern des inzwischen verstorbenen Friedrich das Labor sowie einige chemische Zutaten zeigen. Auch andere Zeitgenossen reisten nach Rodaun in der Hoffnung, dort das Goldmachergeheimnis Sehfelds lüften zu können, doch die Töchter Friedrichs konnten (oder wollten) keine Auskunft geben.

Es liegt nun die Schlussfolgerung nahe, dass die „Schwestern zu Rodaun" identisch sind mit den drei Töchtern des Bademeisters. Seltsam ist nur, dass Schmieder sowohl von den Töchtern als auch den Schwestern berichtet, aber keine Verbindung kenntlich macht. Im Gegenteil: Im Zusammenhang mit Sehfeld schreibt er sehr abfällig über die Töchter Friedrichs, bezeichnet sie als „*Badenymphen*", die „*meinten, ohne ihn* [Sehfeld] *alles ebenso gut verrichten zu können, wenn sie sein Pulver hätten*" und unterstellt ihnen deutlich, dass sie keine Ahnung von der Alchemie gehabt hätten.[303] Sein Satz über die Schwestern zu Rodaun hingegen lässt eine echte fachliche Kompetenz der Frauen anklingen.
Trotz der Ambivalenz in den Niederschriften Schmieders ist zu vermuten, dass „Schwestern" und „Töchter" aus Rodaun dieselben sind, da nicht nur ihre Bezeichnung, sondern auch Ort und Zeit übereinstimmen. Ob ihre alchemistischen Interessen und Fähigkeiten über die Herstellung von Gold und die bei Sehfeld erlernten Laborarbeiten hinausgingen, lässt sich aber nicht einschätzen.

E.H. – Eine anonyme Jungfer (16. Jahrhundert)

Im Jahre 1702 wurden von einer unbekannten Person in einem Hamburger Verlag zwei kurze alchemistische Abhandlungen herausgegeben. Die erste umfasst 44 Seiten und trägt den Titel *Ein Ausführlicher Tractat Von philosophischen Werck Des Steins der Weisen, durch eine Jungfer E.H. genannt Anno 1574 geschrieben.* Der zweite Text befasst sich mit der *Art und Eigenschaft des Goldes* und wurde vollständig anonym, d. h. ohne Nennung von Initialen oder anderen Identitätshinweisen veröffentlicht.[304] Die Struktur der beiden Texte lässt die Schlussfolgerung zu, dass sie von verschiedenen Personen stammen und der unbekannte Herausgeber schreibt lediglich, dass er beide Traktate herausgebenswürdig fand. Über Herkunft und Verbleib der Manuskripte, die ihm offensichtlich vorlagen, äußert er sich nicht.

Der erste Traktat wurde also offensichtlich von einer Frau geschrieben und befasst sich, wie der Titel erkennen lässt, mit der Herstellung des *Steins der Weisen*. In der Vorrede zu ihrer Abhandlung schreibt die Autorin, der Text handle „*von der löblichen Kunst Alchymia, als einer Königin aller andern dieweil ihr Endzweck und Wirckung zu Reichthumb / Gesundheit und Erhaltung der Kräfften gereichet und gedeyet*“[305] und macht damit gleich zu Beginn ihre Vorstellung von Sinn und Funktion der Alchemie deutlich. Der Haupttext enthält eine ausführliche, zeitgemäß kryptische Anleitung zur Herstellung des *Steins der Weisen*, der die üblichen Ingredienzien beigefügt wurden, wie beispielsweise Beschreibungen von Mineralien, Kräutern und den vier Elementen sowie astronomischen und medizinischen Aspekten. Gleichzeitig enthält das Werk auch detaillierte Anleitungen für die praktische Laborarbeit, wie die folgende, in der eine bestimmte Zutat „*durch die Maniere zu destilliren* [ist] *per Alembicum, denn der Helm empfängt das jenige was durch das Descensorium klahr / sauber und rein gedestillirt und durchgelauffen ist wie im Gegentheil das Descensorium thut / in dem es was durch und aus dem Alembic übergeht / auffänget*".[306] Die Beschreibung macht deutlich, dass die Alchemistin ihr Handwerk versteht.

Es handelt sich bei dem Traktat also um einen klassischen zeitgenössischen alchemistischen Text, der aber leider nur wenige Informationen über die Autorin enthält. Der einzige konkrete Hinweis auf die Verfasserin findet sich am Ende ihrer Vorrede und dann nochmals am Ende des Haupttextes, wo sie vermerkt, sie hätte ihn „*geschrieben in dem Dorff Therpone in West-Frießland / den 20. Sept. im Jahr 1574. E.H.*".[307] Westfriesland ist eine Provinz im heutigen Nordholland, doch lässt sich bislang kein Hinweis auf ein Dorf mit dem Namen Therpone finden. Damit verliert sich die Spur also gleich wieder und es können dem Text nur noch ein paar indirekte Hinweise auf die Person E.H. entnommen werden.
Der Text wurde ca. 130 Jahre nach seiner Niederschrift in deutscher Sprache publiziert, weshalb zu vermuten ist, dass er auch in dieser Sprache niedergeschrieben wurde. Eine Übertragung aus dem Niederländischen ist zwar denkbar, doch gibt es darauf keinen Hinweis durch den Herausgeber, der dies sicherlich erwähnt hätte, zumindest wenn eine Übersetzung von ihm selbst vorgenommen oder veranlasst worden wäre. Es ist eher anzunehmen,

dass dem Herausgeber bereits ein deutscher Text vorlag und die Verfasserin demzufolge deutschsprachig war.

Einen weiteren Hinweis auf die Autorin enthält eine Textpassage, die erkennen lässt, dass sie sich nicht ausschließlich in Therpone aufgehalten hat, sondern mindestens einmal auch in Frankreich war. Sie schreibt über ein Kraut namens „*Chrysaor, Herbam Solis, Herbam Mercurii*", das ihren Worten zufolge sehr selten sei und sie habe es „*nur bey einem Apothecker vorgefunden zu Orleans in Franckreich*".[308] Diese kleine Randbemerkung ist allerdings der einzige Hinweis auf irgendwelche Aktivitäten der Alchemistin.

Der Text liefert auch Informationen über den Bildungsstand der Verfasserin. Sie war offenbar sehr belesen, denn sie nennt als Quellen ihres alchemistischen Wissens u. a. Geber, Raymund Lull, Arnold von Villanova, Roger Bacon, Paracelsus, Richard Anglicus, Johannes de Rupescissa, Johannes Aurelius Augurello und Robertus Tauladanus.[309] Demzufolge war sie also sowohl mit der einschlägigen klassischen (Lull, Bacon, Paracelsus) als auch der weniger bekannten (Augurello, Tauladanus) Fachliteratur ihrer Zeit vertraut und auch der lateinischen Sprache mächtig. Ein besonderes Interesse brachte sie auch den Texten der griechischen Antike entgegen und nennt zahlreiche Figuren aus der griechischen Mythologie. So erwähnt sie klassische mythologische Gestalten wie Herkules, Orpheus, Jason, Ariadne oder Daidalos und lässt dadurch eine fundierte Sachkenntnis erkennen.[310] Ihr Augenmerk gilt dabei vor allem den Hinweisen auf den *Stein der Weisen*, die sich in der griechischen Mythologie finden lassen. Sie verweist mehrfach auf einen Archyasiain der griechischen Überlieferung, der die „*Bereitung der*

Medicin, des Elixirs, Lapidis, Quintae Essentiae“[311] beherrschte. Die Interpretation der griechischen Mythologie aus Sicht der Alchemie war zur damaligen Zeit nicht ungewöhnlich. Vor allem die Fahrt der Argonauten und der Raub des *Goldenen Vlieses* hat zahlreiche Alchemisten stark beschäftigt. So erschien 1598 beispielsweise anonym ein Buch mit dem Titel *Aureum Vellus Oder Guldin Schatz und Kunst-Kammer* (aureum vellus = Goldenes Vlies), das sehr beliebt war und zahlreiche Nachauflagen erfahren hatte.[312] Das Interesse der Alchemistin an der griechischen Antike entsprach also ebenfalls ganz dem aktuellen Geist ihrer Zeit.

Weitere Einzelheiten über die Verfasserin verrät der kurze Traktat nicht. Eine Veröffentlichung der Abhandlung kam für sie anscheinend nicht in Frage, aus welchen Gründen ist unbekannt. Ob die Publikation mehr als 130 Jahre nach ihrer Niederschrift in ihrem Sinne gewesen ist, lässt sich also nicht klären. Die Autorin hat nur mit ihren Initialen unterschrieben, also wollte sie ausdrücklich ihre Identität geheim halten, was ihr auch bis heute gelungen ist.

Sophie Elisabeth von Clermont alias Leona Constantia (vor 1675 – 1714)

Noch eine weitere Verfasserin eines alchemistischen Textes entschied sich bewusst dafür, ihre wahre Identität zu verschweigen und veröffentlichte ihre Forschungsergebnisse unter einem Pseudonym: Leona Constantia. 1704 erschien erstmals ein Buch mit dem Titel: Sonnenblume der Weisen, das ist: Eine helle und klare *Vorstellung der Praeparirung dess Philosophischen Steins* [...] *Zum offentlichen Druck verfertiget und an das Tagesliecht gebracht von Leona Constantia in Afflictionibus triumphante.*[313] Die Auflage war vermutlich sehr klein, denn das Buch ist heute nur noch in sehr wenigen Exemplaren vorhanden. 1749 wurde der Text ein weiteres Mal publiziert, diesmal gemeinsam mit einem kurzen alchemistischen Traktat von Johann Otto Helbig – der übrigens ein Bruder von Christoph Hellwig war (die Schreibweise des Namens variiert), dem Arzt und Ehemann der Alchemistin Christina Regina Hellwig, geb. Kratzenstein. Der Hinweis auf die Autorin Leona Constantia wurde in dieser zweiten Ausgabe der *Sonnenblume der Weisen* allerdings weggelassen, so dass der Traktat nun vollständig anonym veröffentlicht wurde.[314]

Der Text der 1749er-Ausgabe umfasst 73 Seiten und beschäftigt sich im Wesentlichen mit der Herstellung des *Steins der Weisen.* In der Vorrede begründet die Autorin ihren Entschluss, ein Buch über dieses Thema zu schreiben und fühlt sich gleichzeitig zu einer Rechtfertigung genötigt, dass sie dies getan hat, obwohl sie eine Frau ist. Sie schreibt: „*so will nur noch dieses beyfügen, nemlich denen et-*

wa wenigs zu antworten, welche sich vielleicht unterstehen werden, mich als ein Weibs-Bild zustraffen, dass ich mich Sachen unterfange, welche demselben Geschlecht gar nicht zustehen; zumahlen männiglich bekannt, was vor Arbeit sich dieselben sollen anmassen, nemlich der Kuche und Spinn-Rockens fleißig anzuwarten; und weilen dieses auch mehr als zu wahr ist, so will mich auch nicht lange bemühen, diese Wahrheit mit Gegengründen suchen zu erweisen".[315] Sie ist sich also der Tatsache bewusst, dass ihre alchemistischen Forschungen und vor allem ihr Bedürfnis, darüber zu schreiben, den geschlechtsspezifischen Normen ihrer Zeit widersprechen und ist offensichtlich hin und her gerissen zwischen Traditionsbewusstsein und den eigenen Interessen. Dass sie den Traktat trotzdem niederschrieb, begründet sie damit, dass sie ihren „*Nächsten hierdurch zu dienen begehre*".[316] Sie betont wiederholt, dass sie die ihr zugewiesene Geschlechterrolle respektiert und nennt dies auch als Begründung (und Bestätigung) dafür, dass sie unter einem Pseudonym schreibt: „*Und weilen ich meinen Namen verschweige, so kann derowegen niemand in die Gedancken gerathen, ob geschehe dieses aus einem Hochmuth mich etwan sehen zulassen*".[317]

Im Haupttext bekennt die Autorin freimütig, dass sie viele Jahre als Alchemistin gearbeitet hat und sagt über sich: „*daß ich auch lange Zeit, biß in die 20. Jahr, wie der im Kern der Alchymie redet, einer von des Gebers Köchen gewesen bin*".[318] Sie schreibt auch, sie besitze Kenntnisse in der Goldherstellung bzw. -transmutation und sagt: „*mein erste Arbeit so ich im Werck hatte, ware ein gewisses Mineral, welches ich so künstlich zu zerlegen wußte, daß sich diejenigen, so zuweilen mit im Werck begriffen, nicht wenig verwundern mußten*".[319] An anderer Stelle wird sie noch deutlicher: „*Diese Arbeit, nemlich solviren, coaguliren, cristallisiren und pulverisiren, continuirte ich so lang, biß ich vermeynet, daß die äußerliche Unreinlichkeiten nun allbereit diesem hochschätzbaren Mineral, alle sollten benommen worden sein*".[320]

Nach vielen Jahren der Beschäftigung mit der Goldmacherei wandte sie sich jedoch irgendwann von der rein praktischen Laborarbeit ab und widmete sich nun vor allem den philosophischen und mystischen Komponenten der Alchemie und dem deutlich komplexeren Phänomen des *Steins der Weisen*: „*Mit diesen verdrießlichen, unnützen Arbeiten habe ich mich, wie gesagt, in die zwantzig Jahr zerplaget, ehe und bevor ich zu einer rechten Erkanntnuß kommen, und wird der geliebte Leser von mir, aus einer rechten Christlichen und brüderlichen Wohlmeynung gewarnet, dass er sich hüte vor den Metallen und Mineralien*".[321] Ihr Sinneswandel hatte vor allem religiöse Gründe: Sie erkannte, dass ihr Bedürfnis nach der Goldmacherei sehr von dem Wunsch nach Reichtum gelenkt worden war und versuchte nun, dieses Verlangen zu unterdrücken. Dennoch ist sie immer wieder in Versuchung geraten, zur Goldmacherei zurückzukehren: „*Es kame mich wiederum eine rechte Lust an, mich in der Chymie zu üben*" und „*so muß ich doch bekennen, daß, ungeachtet meiner so Felsen-vesten Standhaftigkeit ich oft in die Gedancken geraten, diesen mühsamen Weg* [...] *wieder ruckwerts zu kehren*".[322] Obwohl sie die reine Goldmacherei als alchemistischen (und religiösen) Irrweg zum Zeitpunkt der Niederschrift des Textes ablehnt, verteidigt die Autorin aber die Alchemie: „*Es solte auch billich von denen etwas angezogen werden, welche sich unterstehen, diese edle Kunst der Alchymie zu schelten*".[323] Wenig später liefert sie ein noch klareres Bekenntnis zur Alchemie, die sie, in ihrer reinen Form, nicht im Widerspruch zum christlichen

Glaubens versteht: „*Unsere unschuldige Philosophie ist Laster-frey, und stehet unbeweglich*".[324]

Die Sonnenblume der Weisen liefert zwar keine Informationen über die Identität der Autorin, doch finden sich in einigen anderen Quellen Hinweise auf ihre Person. Die Alchemieforscher des 18. bis 20. Jahrhunderts sind sehr unterschiedlich mit der Autorschaft der *Sonnenblume* umgegangen. Einige haben ohne weitere Anmerkungen das Pseudonym der Verfasserin, Leona Constantia, genannt oder den Namen gänzlich weggelassen. Andere weisen das Buch einer konkreten Zeitgenossin zu: Der Engländerin Jane Leade (1623-1704). Leade (auch: Lead) war eine christliche Mystikerin und Visionärin, die in London eine religiöse Gesellschaft gegründet und eine Reihe von christlich-mystischen Büchern veröffentlicht hat. Sie wurde schon 1778 im *Hermetischen A.B.C.* als Autorin der *Sonnenblume* genannt und Ferguson ordnete ihr das Buch ebenfalls zu.[325] Diesen Annahmen folgend nennen auch heute noch die meisten besitzenden Bibliotheken die Engländerin Leade als Verfasserin des Textes, so die University of Glasgow, die University of Deleware Library und die Wellcome Library in London. Als einzige Bibliothek weicht die Staats- und Universitätsbibliothek Hamburg in der Autorenangabe ab. Sie bezeichnet einen Constantius Lugdunensis als Urheber des Textes, allerdings ist diese Zuweisung schon deshalb abwegig, weil die Verfasserin sich ja selbst als Frau identifiziert hat.
Aber auch Jane Leade kommt nicht als Autorin der *Sonnenblume* in Frage. Leade schrieb zahlreiche Bücher, doch sind diese alle religiös-philosophischen Inhalts und, was besonders wichtig ist, sie wurden alle in englischer Spra-

che verfasst. *Die Sonnenblume der Weisen* erschien dagegen 1704 in deutscher Sprache und der deutsche Text enthält keinen Hinweis darauf, dass es sich um eine Übersetzung handeln könnte, wie normalerweise üblich war. Außerdem gibt es weder eine englischsprachige Veröffentlichung des Textes noch einen Hinweis auf ein englisches Originalmanuskript.

Woher die Behauptung stammte, dass Jane Leade den Traktat verfasst hat, ist unklar. Vielleicht kam diese Vermutung auf, weil der Titel der *Sonnenblume* ähnlich mystisch-blumig ist wie manche der Bücher von Leade, die beispielweise *Ein Garten-Brunn, gewässert durch die Ströme der Lustbarkeit* oder *Die nun brechende und sich zertheilende Himmlische Wolcke* heißen. Ursächlich für diese Behauptung ist aber wohl auch, dass es Hinweise darauf gibt, dass Jane Leade sich tatsächlich ebenfalls mit Alchemie befasst hat. Leade pflegte enge Kontakte zu dem alchemisierenden Mystiker John Pordage und dieser hatte ein alchemistisches Sendschreiben verfasst, das er an eine „*Liebwerthe Frau*" richtete, die „*nach der ersten Materie dieses herrlichen Steines* [der Weißheit] *der göttlichen Tinctur* [...] *mit grossem Ernste gesucht und gegraben* [hat]".[326] C.G. Jung nimmt später an, dass es sich bei der Adressatin um Jane Leade handelt, was ja keinesfalls auszuschließen ist. Allerdings wird weder in der von ihm als Quelle angegebenen Ausgabe des Textes aus dem Jahre 1728 noch in den später erschienenen Veröffentlichungen der Name Leade erwähnt und es ist unklar, wie Jung zu seiner Annahme kommt.[327] Unabhängig davon, ob Jane Leade sich mit der Alchemie beschäftigt hat oder nicht, kommt sie als Autorin der *Sonnenblume* jedenfalls nicht in Frage, sondern es muss nach einer Frau gesucht werden, die in deutscher Sprache schrieb.

Ein Hinweis auf die tatsächliche Identität von Leona Constantia findet sich 1798 in Gmelins *Geschichte der Chemie.* Er bezeichnet dort die Verfasserin als „*Leona Constantia von Clermont*“[328] – und kommt damit der Identität der Autorin näher als alle anderen Alchemieforscher. Weitere Details finden sich in einer von dem Arzt und Chemiker Johann Friedrich Henkel (1678-1744) herausgegeben alchemistischen Briefsammlung. Jacob Simon Georgi, ein Justizrat aus Ansbach, schrieb 1722 in einem Brief an Henkel, dass die Verfasserin der *Sonnenblume* „*vor 8 Jahren verstorben, und eine Baronessin von Clermont war, mit der, als einer vera adepta zu corresponiren, die hohe Ehre gehabt*“.[329] Und in einem weiteren Brief führte er aus: „*Die sel. Dame, so eine Baronessin von Clermont war, war mir durch ihr gehabte Correspondenz wohl bekannt, meinem Bruder aber, der vor 21 Jahren in der Schweiz vom Herzog zu Württemberg als Gesandter war, und eben in dem Hause allwo sie gewohnt, die Zeit über auch logiret, ist sie noch bekannt gewesen, denn er vertraulich (weil er ebenfalls ein Liebhaber der Chymie und sehr belesen) mit ihr umgegangen*“.[330] Schließlich finden sich noch weitere interessante Informationen in der Helvetischen Geschichtevon Leonhard Meister aus dem Jahre 1784, der schreibt: „*Von Bern kam Sophie Elisabeth de Clairmont, vormals Kammerjungfer in dem Hause des Venner Dachselhofers, nach Schaffhausen. Daselbst gewann sie durch ihre Reitze einen jungen Prediger. Auf Warnung hin wüthete diese Sybille aus Vivarez, und erklärte sich laut* [...] *In deutscher Sprache hatte sie ein Büchelgen über die Alchymie geschrieben, unter der Aufschrift: Die Sonnenblume der Weisen. Sie hinterließ viele Anhänger, die aber von der Regierung sorgfältig eingeschränkt wurden*“.[331]
Demnach war die Alchemistin also eine Adlige mit dem Namen Sophie Elisabeth von Clermont, die vor 1675

geboren wurde und zum Zeitpunkt der Veröffentlichung seit mindestens 20 Jahren Alchemie betrieben hat, einige Zeit als Kammerjungfer in der namhaften Berner Patrizierfamilie Dachselhofer diente und zeitweise auch in Schaffhausen lebte. Leider lassen sich darüber hinaus keine weiteren Informationen über diese Frau ermitteln. Der Familienname Clermont gibt nur wenig Auskunft über ihre Herkunft. Im 17. und 18. Jahrhundert gab es mehrere Familien mit dem Namen Clermont (oder auch Clairmont), u. a. mindestens zwei in Frankreich sowie weitere im Herzogtum Limburg im heutigen Belgien und in Deutschland. Aus welchem der zahlreichen Familienzweige sie stammte, lässt sich ohne weitere Anhaltspunkte nicht feststellen. Der Hinweis Georgis, dass sein Bruder die Baroness von Clermont persönlich kannte, führt zu Johann Martin Georgi (1658-1738), der als Prokurat und Vogt tätig war, doch viel mehr ist über den Bruder nicht überliefert. Und schließlich ist noch Meisters Bezeichnung der Alchemistin als *Sybille aus Vivarez* bemerkenswert. Vivarez ist der okzitanische Name der historischen französischen Provinz Vivarais, einer kleinen Region im heutigen Languedoc. Meisters Bemerkung könnte also ein Hinweis auf die Herkunft der Baroness sein, allerdings fehlen auch hier weitere Informationen und es gibt keinerlei Anhaltspunkte für eine Familie Clermont in dieser Region.

Damit lässt sich der Traktat der Leona Constantia nun also einem realen Namen zuordnen, doch bleibt die Person hinter diesem Namen weiterhin im Dunkeln.

D.I.W. – Dorothea Juliana Wallich (17. – 18. Jahrhundert)

Die letzte der hier zu nennenden anonymen Alchemistinnen ist eine Frau, die besonders produktiv war und zu Beginn des 18. Jahrhunderts in nur zwei Jahren drei alchemistische Bücher veröffentlichte. Sie publizierte alle drei Werke unter ihren Initialen D.I.W., gab aber in keinem der Bücher zu erkennen, dass diese von einer Frau verfasst worden sind.[332] Ihr einziger Hinweis auf ihre Person in den Werken ist die Erwähnung ihres Herkunftsortes: Weimar in Thüringen. Die 1705 und 1706 erstmals erschienenen Bücher erfreuten sich großer Beliebtheit und erfuhren mehrere Nachauflagen. Wer sich hinter den Initialen verbarg, wussten aber auch in den folgenden Jahrzehnten nur wenige Eingeweihte.

Die selbst gewählte Anonymität der Alchemistin war also im Großen und Ganzen erfolgreich. Dennoch tauchten im Laufe der Zeit einige Informationen über die Identität der Verfasserin auf, weshalb auch manche der späteren Alchemieforscher darüber informiert waren, dass hinter den Initialen eine Frau namens Dorothea Juliana Wallich (auch: Walchin oder Wallichin) stand. Es hatten aber nicht alle Forscher diese Kenntnis und das ist höchst interessant, denn die fachliche Einschätzung der Arbeit D.I.W.s ist sehr ambivalent und zwar ganz offensichtlich in Abhängigkeit davon, ob die Autorschaft einem Mann oder einer Frau zugeschrieben wurde. Am Beispiel dieser Adeptin werden die Vorurteile sowohl der Zeitgenossen als auch der späteren Alchemieforscher des 18. und 19. Jahrhunderts gegen Frauen in der Alchemie daher besonders deutlich.

Im 18. Jahrhundert erschienen insgesamt sechs größere wissenschaftliche bzw. speziell alchemistisch-chemische Überblickswerke, in denen die Verfasserin namentlich erwähnt wird. Zwei der Beiträge identifizieren sie als Frau und beschreiben sie fachlich neutral: 1739 führt Corvinus sie in seinem *Frauenzimmer-Lexicon* an und bezeichnet sie dort als *„in der Chymie erfahrnes Weibes-Bild"*.[333] Dass Corvinus sie positiv bzw. neutral darstellt, ist allerdings zu erwarten, da er das „Frauenzimmer-Lexicon" offensichtlich mit der für seine Zeit bemerkenswerten Absicht verfasst hat, den zeitgenössischen Vorurteilen gegenüber den Fähigkeiten des weiblichen Geschlechts eine Sammlung von Beispielen gelehrter und begabter „Frauenzimmer" entgegen zu setzen. Der zweite neutrale Beitrag findet sich 1747 in Zedlers „Universal-Lexicon" und ist eine wörtliche Übernahme des Textes von Corvinus.[334]

Zwei weitere der sechs Artikel über D.I.W. vermitteln ebenfalls einen neutralen Blick, betrachten sie aber als Mann und benennen als Autor *„Dorotheus Julius Wallichin"*.[335] Dies ist vor allem deshalb interessant, weil die Informationen, die dieser Name transportiert, in sich widersprüchlich sind: Das Suffix „-in" am Ende das Nachnamens wurde in der fraglichen Zeit ausdrücklich als weibliche Geschlechtsbezeichnung verwendet. Die Sitte der verallgemeinernden „Vermännlichung" von Namen setzte sich erst später durch. So wurde auch die im letzten Kapitel vorgestellte Anne Marie Ziegler allgemein als „die Zieglerin" bezeichnet. Hinter dem Nachnamen „Wallichin" eine männliche Person zu vermuten, musste also in dieser Zeit nahezu absurd erscheinen. Eine Erklärung für diesen interpretatorischen Spagat ist, dass die beiden Alchemieforscher es wohl für völlig abwegig hielten, dass eine Frau die drei Werke verfasst hat. Die beiden übrigen Beiträge aus dem 18. Jahrhundert über D.I.W. schließlich identifizieren sie als Frau und äußeren sich negativ über ihre Arbeit.[336] Vor allem Fictuld formuliert seine Meinung über sie in einer Heftigkeit, wie sie in seiner Publikation sonst eher selten anzutreffen ist. Er bezeichnet die Werke der Alchemistin als „*ertz-sophistische und arg-chimistische Betriegereien*" und schreibt: „*Es ist also diese Walchin eine rechte Ertz-Betriegerin gewesen. Man hüte sich vor ihren Schriften*".[337]

Doch auch die Autoren des 19. Jahrhundert interpretierten die Arbeit der Weimarerin unterschiedlich. Harless bewertet ihre Werke negativ und bezeichnet sie als „*ungeniessbare* [...] *Schriften*".[338] Schmieder betrachtet ihre Texte hingegen nicht negativ, führt aber (ohne Begründung) an, dass sie „*der Sage nach die Tochter eines Adepten*" gewesen sei und die Traktate möglicherweise „*nach der Handschrift des Vaters*" herausgegeben haben könnte, zieht ihre Urheberschaft also in Zweifel.[339]

Neben den bekannten alchemistischen Übersichtswerken gibt es noch eine Reihe von weiteren Publikationen, in denen die Werke der Walchin erwähnt werden und diese zeigen eine vergleichbare Tendenz. Stets dominiert eine negative Bewertung der alchemistischen Arbeiten von D.I.W., sobald sie als Frau identifiziert wurde, während bei positiver Beurteilung der Schriften meist von einer männlichen Autorschaft ausgegangen wird. Wiegleb bringt diese Tendenz in seiner „*Destillirkunst*" auf den Punkt. Er beurteilt die Schriften der Walchin äußerst positiv und schreibt: „*Kenner von dergleichen Arbeit legen diesen beyden Büchelchen vieles Lob bey, und rechnen sie mit unter die besten und gründlichsten, welche von neueren Künstlern abgefaßt worden*".[340] Wiegleb ist auch über die Identität der Urheberin informiert, die ihm aber augenscheinlich nicht recht ist, weshalb er schreibt: „*Zu dem Verfasser dieser Schriften wird eine Jungfer, Dorothea Johanna Walkinn, mit weit mehrerem Rechte aber D. Jacob Waltz gemacht*".[341] Dieser völlig unbegründete Versuch Wieglebs, die Traktate dem Gothaischen Mediziner Jakob Waitz (1642-1716) zuzuschreiben, wurde in den folgenden Jahrzehnten gerne übernommen und noch heute findet sich der Name Waitz in verschiedenen Bibliothekskatalogen als mutmaßlicher Verfasser (oder Mitverfasser) der drei Traktate.[342] Dass die Zeitgenossen ein Problem mit der weiblichen Autorschaft der Texte hatten, macht schließlich Johann G. Schmidt besonders deutlich, der 1706 äußert: „*Ja es ist die alchymistische Philosophia leider! gar unter die Weiber geraten / wie denn nur jüngsthin ein Weib / welche sich unterzeichnet D.I.W. von Weimar aus Thüringen* [...] *zwey Tractätlein* [...] *heraus gegeben*".[343] Am Beispiel der Walchin zeigt sich also besonders augenscheinlich, dass in der Alchemie arbeitende Frauen starken Vorurteilen ausgesetzt waren und gute Gründe hatten, in der Anonymität zu forschen.

Alle erwähnten Äußerungen über Dorothea Juliana Wallich lassen übrigens erkennen, dass keiner dieser Autoren sie persönlich kannte. Tatsächlich ist nur ein Zeitgenosse überliefert, der mit ihr bekannt war und dieser ist kein geringerer als der berühmte Chemiker und Hauptbegründer der Phlogistontheorie, Georg Ernst Stahl (1659-1734). Stahl erwähnt seine Bekanntschaft mit der Walchin in einem 1728 verfassten Brief an den Bergrat Johann Friedrich Henkel (1678-1744) und schreibt dort, dass er sie seit 40 Jahre kenne und sie in dieser Zeit u. a. mit „*Kobalden gekünstelt; und wo nicht die Relation falsch gewesen, auch mit Vortheil darinne verfahren* [sei].“[344] An anderer Stelle bemerkt Stahl, sie wäre „*eine Frauens-Person / die aber gewisslich in Chymischen Dingen mehrere Erfahrung (die eigentliche alchymie an ihren Ort außgestellet) hat*“ bzw. eine „*wohl erfahrne Frau / gleichwie auf sehr vernünftigem Weg*“.[345] Der namhafte Chemiker Stahl bescheinigt ihr also, eine erfahrene Kollegin gewesen zu sein, die allerdings in der Kunst des Goldmachens nicht erfolgreich war. Seine Einschätzung ihrer alchemistischen Erfolge ist sicher realistisch, aber wohl auch etwas subjektiv gefärbt, denn Stahl schätzte die Alchemie eher gering und reduzierte ihre Zielstellung im Wesentlichen auf die Goldherstellung. Auch war er einer der ersten „modernen“, d. h. monowissenschaftlich arbeitenden Chemiker, der eine Trennung von „*chymia experimentalis*“ und „*chymia rationalis*“ befürwortete und der Alchemie damit kritisch gegenüber stand.[346]

Dorothea Juliana Wallich war also zweifelsohne eine erfahrene Chemikerin und Alchemistin, was auch ihre drei Veröffentlichungen erkennen lassen. Sie bezieht sich darin auf verschiedene namhafte Quellen und beschreibt die alchemistische Materie nach allen Regeln der Kunst und im Stile der Eingeweihten. Ihre Bücher, die innerhalb von nur zwei Jahren erschienen sind und offenbar auch alle drei in diesem kurzen Zeitraum abgefasst wurden – Stahl behauptet sogar, sie hätte das Manuskript für ihr zweites Buch innerhalb von nur 24 Stunden niedergeschrieben[347] – tragen die blumigen und allegorischen Titel *Das Mineralische Gluten, Mercurius Philosophorum, Langer und kurzer Weg zur Universal-Tinctur* (1705), *Der philosophische Perl-Baum, das Gewächse der drey Principien* (1705) und *Schlüssel zu dem Cabinet der geheimen Schatz-Kammer der Natur* (1706). Inhaltlich entsprechen sie den alchemistischen Werken der Zeit und enthalten metaphorische Anweisungen zur Herstellung des *Steins der Weisen* (*Gluten*), philosophisch-religiöse Betrachtungen (*Perlbaum*) aber auch praktische Beschreibungen und Anleitungen (Schlüssel). Insbesondere der Schlüsselzeichnet sich durch eine besondere Direktheit aus, da sie in diesem Buch konkrete Fragen stellt und beantwortet. Im *Schlüssel* wird deutlich, dass sie sehr belesen war, denn sie erwähnt u. a. Avicenna, Albertus Magnus, Arnold de Villanova, Thomas von Aquin, Raimund Lull, Roger Bacon, Michael Sendivogius sowie zahlreiche andere Autoren.[348]

Über ihre eigene Person gibt sie in ihren Werken nur wenig preis, doch mithilfe verschiedener Sekundärquellen lassen sich einige kleinere Einblicke in ihr Leben gewinnen.

In ihrem 1704 vollendeten ersten Traktat *Gluten* schreibt die Walchin mit Blick auf ihre alchemistischen Forschungen, dass sie „*20. Jahr durch diese Wildnüß gewandert*“[349] sei, d. h. sie ist zum Zeitpunkt der Niederschrift mindestens 35 Jahre alt gewesen. Sie stammte aus Weimar und war dort mit einem Bediensteten am herzoglichen Hof verheiratet, wie Fictuld informiert.[350] Für das 17. Jahrhundert lässt sich tatsächlich eine Familie Walch in Weimar belegen, aus der ein Mitglied am Hof beschäftigt war. Der Mann hieß Johann Walch und war dort von ca. 1678 bis mindestens 1688 als Gerichts-Sekretär tätig, kommt also als Ehemann der Walchin in Frage.[351] Fictuld zufolge gab dieser Ehemann seine Stelle am Hofe auf, um gemeinsam mit seiner Frau „*auf ihren Güteren in der Einsamkeit zu laboriren*".[352] Weiter schreibt Fictuld, dass die Walchin nicht nur Güter sondern auch Vermögen besessen habe. Dieses hätte sie aber nach und nach für ihre Forschungen ausgegeben, weshalb sie zuletzt mittellos war, von ihrem Mann verlassen wurde und schließlich als Kinderwärterin in Leipzig arbeitete.

Weitere Informationen über die Walchin finden sich bei Stahl, der offenbar sehr vertraut mit ihr war, denn er notiert, dass sie in Weimar sogar Patin bei einem seiner Kinder gewesen sei.[353] Stahl zufolge hat sie sich einige Zeit in Schneeberg im Erzgebirge aufgehalten und um 1725 in Arnstadt gelebt, da sie ihm von dort aus mehrere Briefe geschrieben hat.[354] Zu diesem Zeitpunkt muss sie mindestens 55 Jahre alt gewesen sein. 1706 schrieb der Apotheker Johan Georg Schmidt außerdem, dass sie sich zu diesem Zeitpunkt in einem „*denen der Herren Grafen von Schönburg gehörigen Städtgen auffhält*"[355], allerdings kommt da ein gutes Dutzend Städte in Frage. Es lässt sich hieraus also vor allem die Schlussfolgerung ziehen, dass die Walchin offenbar ein unstetes Leben führte und mehrfach ihren Wohnort wechselte. Ihre Bemerkung, sie wäre „*20. Jahr durch diese Wildnüß gewandert*", könnte somit fast wörtlich verstanden werden.

Da Schacher in seiner 1738 erschienenen Publikation in der Vergangenheit über die Walchin schreibt, wird sie vermutlich zwischen 1725 und 1738 gestorben sein.[356] Das genaue Jahr ihres Todes bleibt allerdings ebenso unbekannt wie der Ort, an dem sie ihren Lebensabend verbracht hat.

VII. Die Späten

Die Alchemie war immer eine ganzheitliche Wissenschaft, die sich sowohl aus geistigen als auch aus materiellen Komponenten zusammensetzte, doch die Alchemisten maßen diesen Komponenten jeweils sehr unterschiedliche Bedeutung zu und richten ihr Augenmerk, je nach Interessenlage, oft auch nur auf einen dieser Aspekte. So betonten die Rosenkreuzer zu Beginn des 17. Jahrhunderts beispielsweise eher die spirituelle Seite der Alchemie,[357] während andere sich ausschließlich der Laborarbeit und insbesondere der Herstellung von Gold widmeten.

Im Laufe des 18. Jahrhunderts wurde damit begonnen, Geistes- und Naturwissenschaften zu trennen und die Chemie etablierte sich als eigenständige Wissenschaft. Damit verlor die Alchemie an Bedeutung und geriet bald in den Ruf, unwissenschaftlich und sogar unseriös zu sein. Darüber hinaus erhärteten die neuen Entdeckungen in der Chemie den schon zuvor immer wieder aufgekommenen Verdacht, dass es nicht möglich sei, Gold herzustellen. Und nicht zuletzt tauchte noch eine weitere Neuerung auf, die den praktischen Teil der Alchemie zwar nicht gänzlich überflüssig, aber für jene, die bisher vor allem an der Goldmacherei interessiert waren, weniger reizvoll machte: Das Papiergeld. Mit der Einführung der Banknoten wurde eine neue Möglichkeit gefunden, aus einem fast aus dem Nichts (weil aus vormals wertlosem Papier) erschaffenen Kapital einen Gewinn zu erzielen, ohne eine Leistung dafür zu erbringen – ein fast alchemistisches Kunststück.[358]Auch der selbst an Alchemie interessierte Goethe war der Ansicht, dass diesem Vorgang eine nahezu magische Komponente innewohnt und beschrieb die Verwandlung von Papier in Geld im zweiten Teil seines Faust mit den Worten: „*So hört und schaut das schicksalschwere Blatt, Das alles weh in Wohl verwandelt hat! Zu wissen sei es jedem, ders begehrt: Der Zettel hier ist tausend Kronen wert*".[359]

Welchen Einfluss die Einführung von Banknoten auf die Bedeutung der Alchemie hatte, lässt sich auch anhand eines historischen Beispiels aufzeigen. 1715 erhielt der französische Finanzminister John Law vom Regenten des Landes, dem Herzog Philipp von Orléans, die Genehmigung zur Gründung einer Notenbank und ließ erstmals größere Mengen Papiergeld herstellen. Im gleichen Atemzug aber entließ der Herzog die für die Goldherstellung zuständigen Hofalchemisten, die seiner Ansicht nach nun überflüssig geworden waren, da er glaubte, nun über eine bessere und sicherere Methode zur Vermehrung seines Reichtums zu verfügen.[360]

All diese Veränderungen führten letztlich zu einem Niedergang der Alchemie im 18. Jahrhundert. Das Interesse an einer ganzheitlichen Wissenschaft ging allerdings nie vollständig verloren, sondern blieb bis in das 20. Jahrhundert hinein erhalten, wie beispielsweise die von dem Zoologen Ernst Haeckel (1834-1919) entwickelte Monismuslehre oder die Holismustheorie von Jan Christian Smuts (1870-1950). Die Alchemie allerdings spielte als ganzheitliches Wissenschaftsmodell nun keine Rolle mehr, sondern tauchte nur noch in modifizierter Form und in sehr verschiedenen Varianten innerhalb okkulter Strömungen auf. Der praktische Teil der Alchemie, d. h. die Laborarbeit, verschwand dabei fast vollständig und es wurde nun vor allem eine spirituell-mystische Spielart des philosophischen Teils der Alchemie vertreten. Wie zu allen Zeiten gab es auch in dieser jüngsten Phase der

Alchemie weibliche Adepten, von denen hier drei vorgestellt werden.

Theosophia Sternbucta (18. Jahrhundert)

Im Jahre 1779 wurde in einem kleinen Berliner Verlag ein nur 14 Seiten umfassender Traktat mit dem Titel *Antwort auf das philosophische Sendschreiben vom rechten und wahren Steine der Weisen* veröffentlicht, das dem Titelblatt zufolge von einer „*Frau Theosophia Sternbucta*" stammte. Das Büchlein enthält eine Erwiderung auf einen ebenso kurzen Traktat mit dem Titel *Ein gründlich philosophisch Sendschreiben vom rechten und wahren Steine der Weißheit*, das 90 Jahre zuvor in Amsterdam erschienen war und dem englischen Theologen John Pordage (1607-1681) zugeschrieben wird. John Pordage war ein Anhänger der theosophisch-mystischen Lehre Jakob Böhmes (1575-1624) und Mitbegründer eines kleinen Kreises böhmistischer Anhänger in London, aus dem später die Philadelphian Society hervorging, eine englische protestantische Bewegung.[361] Der Mystiker war eng vertraut mit Jane Leade, die ebenfalls eine Anhängerin Böhmes war und sich vermutlich auch mit Alchemie beschäftigt hat, wie schon im vorherigen Kapitel erwähnt wurde. Pordage nähert sich in seinem *Sendschreiben* der Suche nach dem *Stein der Weisen* auf philosophisch-mystische Weise, indem er versucht, Begriffen und Tätigkeiten aus der praktischen Alchemie einen philosophischen Bezug zum menschlichen Dasein zuzuweisen und beispielsweise die Herstellung des *Steins der Weisen* mit der menschlichen Zeugung und Geburt vergleicht. Als „*wahre Materie*" und notwendig für seine Erschaffung bezeichnet er die „*rothe Tinktur, das reineste süsseste Blut der ewigen jungfräulichen Menschheit*" und der „*heilige Ofen, dis Balneum Mariae* [...]

dieser geheime Ofen ist der Ort, die Matrix oder Behrmutter, und das Centrum, woraus die göttliche Tinktur hervorquillet".[362] Den *Stein der Weisen* selbst nennt er das „*philosophische Werk*", das in dem beschriebenen Ofen vollendet wird und das Ziel der Transmutation fasst er mit den direkt an die Adressatin des Textes, die alchemisierende „*Artistin*", gerichteten Worten zusammen: „*Diese wahre Philosophie wird Euch lehren, wie ihr Euch selbsten erkennen solltet*".[363]

Gut 80 Jahre nach der Veröffentlichung des *Sendschreiben* wurde nun die Antwort von Theosophia Sternbucta vorgelegt. Obwohl sich das allgemeine Forschungsinteresse inzwischen eher der modernen Chemie zuwandte und die Alchemie mehr und mehr in den Ruf der Scharlatanerie geriet, ist der Text Sternbuctas noch im klassischen Stil der alten alchemistischen Schule verfasst und widmet sich der praktischen Herstellung des *Steins der Weisen*. Allerdings spielt in ihrem Text jener mystischphilosophische Aspekt der Alchemie bereits eine bedeutende Rolle, der in den folgenden Jahrzehnten dann die praktische Seite der Alchemie nahezu verdrängen wird.
In starken Allegorien spricht sie von der Herstellung des *Lapis Philosophorum*, den sie als „*neuen gebohrnen Appollinischen Sohn*" bezeichnet, der ein Innenleben besitzt, denn sie schreibt: „*dass unser Stein mit einer wachsensen Seele begabt seye*".[364] Er ist vielseitig einsetzbar, unter anderem als Heilmittel: „*In der Medicin zu gebrauchen, ist diese Tinctur kräftig genug, und bedarf keiner Argumentation, sondern man kann aus dem calcinierten Werk mit dem feurigen vegetabilischen Geist mit leichter Mühe das weiße fixe Salz extrahiren*".[365] Anschließend schildert sie die Herstellung des *Steins* bzw *Elixiers der Weisen* und beschreibt detailliert die einzelnen

Produktionsschritte, wie etwa man „*thue es in ein Kolbenglas, gieb gradatim Feuer, wie zuvor mit Imbibirung und Coagulierung bis zum höchsten Grad*" usw.[366] Für den gesamten Prozess benötige man viel Geld und Geduld: „*Aber es gehöret Zeit darzu, und kann dieser* [im] *Labor vor einem Jahr und auch länger nicht wohl absolviret werden*"[367] und über die Herstellung von Silber und Gold schreibt sie, dass manche Alchemisten glaubten, „*man könne Gold und Silber aus andern Metallen, ohne die Universal-Tinctur zuwege bringen, aber es ist ein abscheulicher Betrug*".[368] Generell hält sie die Erzeugung von Gold zwar für möglich, doch spielt das Edelmetall für sie eine untergeordnete Rolle. Wichtiger ist ihr der philosophisch-psychologische Gewinn, denn wem die Herstellung des Steins gelingt, „*den versichere, dass er einen unendlichen Schatz und unvergängliche, unbetrügliche Wahrheit habe*".[369]

Die Adeptin war also sowohl mit der praktischen als auch der philosophischen Alchemie bestens vertraut und hatte das Bedürfnis, ihre Erkenntnisse der Öffentlichkeit zugänglich zu machen. Wie so manche Frau vor ihr entschied sie sich aber für eine pseudonyme Publikation und wahrte die Anonymität so gut, dass sich ihre Identität bis heute nicht ermitteln lässt.

Leider finden sich auch im Buch keine unmittelbaren Hinweise auf die Verfasserin. Es gibt allerdings zwei auffällige Textstellen, die eventuell aufschlussreiche Informationen enthalten könnten, doch scheinen auch diese von der Autorin verschlüsselt worden zu sein. So endet der Traktat mit den Worten „*Gegeben in meiner Einsamkeit am Bache Nesor den 4/5 79*"[370], doch lässt sich kein real existierender Bach Nesor und auch kein ähnlich lautendes Gewässer ermitteln. Es besteht lediglich eine Wortähnlichkeit mit einem Bach Besor, der im Buch Samuel 30,10 des Alten Testaments erwähnt wird. Allerdings gibt es keine schlüssige Erklärung, weshalb die Autorin den Anfangsbuchstaben des dort genannten Gewässers hätte ändern sollen.

Weiterhin findet sich auf dem Titelblatt des Traktats unmittelbar unter dem Pseudonym der Autorin eine Zeile mit dem Inhalt „*Cantic. Cap. V.*", die aber keinen unmittelbaren Zusammenhang zum Titel erkennen lässt. Es ist zu vermuten, dass sich die Zeile auf das Hohelied Salomos (Latein: Canticum Canticorum), Kapitel 5 bezieht, doch findet sich in besagtem Kapitel nichts, was eine Erklärung liefern könnte, weshalb sie diesen Hinweis auf dem Titelblatt vermerkt hat – und ein Anhaltspunkt, der auf die Persönlichkeit der Autorin schließen ließe, findet sich bei Salomo ebenfalls nicht. Somit lassen sich die beiden genannten Textzeilen also zweifelsohne als auffällig bezeichnen, doch ist letztlich völlig unklar, ob sie tatsächlich einen tieferen Sinn oder gar versteckte Anhaltspunkte für die Identität der Verfasserin enthalten.

Sabine Stuart de Chevalier (18. Jahrhundert)

Obwohl die Quellenlage ab der zweiten Hälfte des 18. Jahrhunderts grundsätzlich recht gut ist, wissen wir auch von der Arbeit der zweiten „späten" Alchemistin nur durch ihre Veröffentlichungen. Unter ihrem Namen, Sabine Stuart de Chevalier, erschien 1781 in Paris ein zwei Bände umfassendes Werk mit dem Titel *Discours philosophique sur les trois principes, animal, végétal et minéral.* Der erste Band beschäftigt sich ausführlich mit den vier Elementen Feuer, Wasser, Luft und Erde sowie mit den „*Mysterien der hermetischen Wissenschaft*", enthält aber auch konkrete alchemistische Anleitungen zur Destillation sowie ausführliche Beschreibungen von Mineralien, Metallen und anderen alchemistischen Komponenten.[371] Das Ziel der Ausführungen ist klassischerweise eine Anleitung zur Herstellung des *Steins der Weisen.* Der zweite Band befasst sich ebenfalls mit den vier Elementen sowie zusätzlich mit den drei Grundprinzipien der Natur, die sie als „*animal, végétal et minéral*" bezeichnet.Trotz des deutlichen praktischen Bezugs haben beide Bände einen auffällig starken philosophischen Ansatz, durch den sie sich von vielen früheren alchemistischen Werken unterscheiden. Es ist ein später Versuch, einen schlüssigen Beleg dafür zu erbringen, dass die Alchemie nicht nur in praktischer, sondern auch (und vor allem) in spiritueller Hinsicht als universelles Deutungsmittel für die Natur dienen kann.Der philosophische Ansatz ist schon im Titel erkennbar und dieser *discours philosophique* zieht sich konsequent durch das gesamte Werk, das nicht nur ein tiefes Fachwissen, sondern auch eine auffällig unabhängige Denkweise der Autorin erkennen lässt.

Der *Discours* ist aber nicht die erste Veröffentlichung der Alchemistin. Bereits 1765 erschien ein Buch mit dem Titel *L'Existence de la pierre merveilleuse des philosophes: prouvée par des faits incontestables*, also über die Existenz des *Steins der Weisen*, das Sabine Stuart de Chevalier gemeinsam mit ihrem Ehemann Claude Chevalier verfasst hatte.[372] Allerdings wurde dieses Büchlein noch anonym veröffentlicht, d. h. die Autorschaft lässt sich lediglich durch die Unterzeichnung des Textes mit den Initialen der beiden Adepten feststellen. Ihren Namen und damit ihre Identität legte Sabine Stuart de Chevalier erst mit dem *Discours* vollständig offen und ließ sich die Rechtmäßigkeit der Veröffentlichung durch ein an den ersten Band angehängtes „königliches Privileg“ bestätigen.

Drei Jahre nach dem Erscheinen der beiden *Discours*-Bände brachte derselbe Verlag unter dem Namen ihres Mannes, Claude Chevalier, erneut zwei alchemistische Bände (diesmal in einem Buch) heraus, die den gleichen Titel tragen: *Discours philosophique sur les trois principes, animal, végétal et minéral.* Dieses Buch befasst sich auch mit dem gleichen Thema, wie die beiden Bände Sabine Stuarts, folgt strukturell ebenfalls dem Schema der vier Elemente und der drei Prinzipien und zeigt auch den gleichen philosophisch-spirituellen Ansatz. In einer dem Haupttext vorangestellten „Nachricht“ nennt Claude auch den Grund für diese Übereinstimmungen: Er habe das Buch als Fortsetzung der Arbeit seiner „*lieben Frau*“ („*ma chere épouse*“) verfasst.[373] Aufgrund der deutlichen Kongruenzen in den Büchern lässt sich vermuten, dass Claude und Sabine, zumindest teilweise, zusammengearbeitet haben und wenigstens ein Teil der getrennt vorgelegten Forschungsergebnisse wohl auch aus der gemeinsamen Arbeit resultierte.

Über die Alchemistin selbst wissen wir nur sehr wenig, d. h. nur das, was sich an Hinweisen in ihrem *Discours* sowie im Buch ihres Mannes findet. Wie sie selbst im ersten Band ihres Werkes schreibt, wurde sie in Schottland geboren[374] und Claude zufolge war sie sogar eine Nachkommin des Herrscherhauses der Stuarts. Claude bezeichnet sie auch als „*Milady*" und im königlichen Privileg zur Veröffentlichung ihres Buches wird sie als „*Dame Sabine Stuart de Chevalier*" vorgestellt, womit also mehrfach bestätigt wäre, dass sie aus adligem Hause stammte. Weitere Informationen zu ihrer Person sind nicht auffindbar. Dagegen lassen sich noch einige Worte zu ihrem Mann Claude sagen, da dieser auf dem Titelblatt seines Buches eine Reihe von Titeln aufzählt, die er trägt. So nennt er sich selbst einen „*Comte du Saint Empire Romain*", besitzt also einen Adelstitel, doch findet sich in seinem Namen nicht, wie bei seiner Frau Sabine, der Zusatz „de". Weiterhin schreibt Claude von sich, dass er zum Ritter des Ordens vom Goldenen Sporn ernannt wurde, was eine hohe Auszeichnung für Verdienste um die katholische Kirche ist, die gewöhnlich vom Papst eigenhändig vorgenommen wurde. Schließlich gibt Claude auch noch seinen Beruf an: Er ist beratender Leibarzt des Königs und erster Leibarzt der Witwe des Kurfürsten von Bayern. Damit kann Claude zweifelsohne als ranghohe und anerkannte Persönlichkeit seiner Zeit bezeichnet werden und durch seine Arbeit als Mediziner war er prädestiniert für eine Beschäftigung mit der Alchemie. Darüber hinausgehende Informationen lassen sich aber auch zu Claude Chevalier nicht ermitteln. Erwähnenswert ist noch eine Auffälligkeit in der Publikation von Sabine. Im zweiten Band ihres Werkes wird plötzlich über die *„berühmte Sabine, meine liebe Frau“* geschrieben, d. h. zumindest ein Teil des Buches wurde ganz offensichtlich nicht von ihr verfasst. Kurz darauf äußert der Autor sich nochmals über *„ma chere Sabine“* und spricht dort über die gemeinsame Vergangenheit.[375] Diese Zeilen scheinen ein Hinweis darauf zu sein, dass Claude die Bücher unter ihrem Namen veröffentlicht hat, weil Sabine, aus welchen Gründen auch immer, nicht dazu in der Lage war. Es ist also denkbar, dass sie noch vor der Veröffentlichung gestorben ist, was auch eine Erklärung dafür sein könnte, dass die beiden Folgebände von Claude verfasst worden sind. Allerdings gibt es dafür keine eindeutigen Belege. Claude widmete seine Veröffentlichung zwar seiner Frau, doch lässt sich anhand seiner Wortwahl nicht erkennen, ob sie zu diesem Zeitpunkt noch lebte. So wie ihr gesamtes Leben bleibt somit auch das Ende von Sabine Stuart de Chevalier im Dunklen.

Mary Anne Atwood (1817 – 1910)

In der ersten Hälfte des 19. Jahrhunderts war das allgemeine Interesse an der Alchemie nahezu erloschen. Die Suche nach dem *Stein der Weisen* war fast ausnahmslos als Scharlatanerie in Verruf geraten und wurde als unwissenschaftliche Pfuscherei belächelt. Doch 1850 erschien in London ein Buch mit dem Titel *A Suggestive Inquiry into the Hermetic Mystery*, das eine völlig neue Lesart der Alchemie anbot und ihr zu neuer Popularität verhalf, wenn auch in veränderter Form.
Das Buch wurde anonym veröffentlicht, doch stellte sich schon wenig später heraus, dass es von einer Frau verfasst worden war: Mary Anne South, später verheiratet und unter dem Namen Mary Anne Atwood bekannt. Mary Anne, die 1817 im englischen Gosport in Hampshire geboren wurde, beschäftigte sich seit ihrer Jugend mit der Alchemie. Sie teilte dieses Interesse mit ihrem Vater, Thomas South, mit dem sie lange Zeit gemeinsam lebte und forschte.[376] Nach mehreren Jahren des Studiums fassten Vater und Tochter den Entschluss, ihre Forschungsergebnisse aufzuschreiben, hatten jedoch verschiedene Vorstellungen von der richtigen Art und Form der Niederschrift. Daher setzten sie sich jeweils in getrennte Studierzimmer und wählten sehr unterschiedliche Wege, die gemeinsam erworbenen Erkenntnisse in Worten festzuhalten. Während Thomas alchemistische Verse verfasste, schrieb seine Tochter ein sehr gelehrtes Buch, das sie auch sofort nach der Fertigstellung veröffentlichte. Doch sobald das gedruckte Buch vorlag, befielen den Vater starke Zweifel an der Richtigkeit, die alchemistischen

Geheimnisse zu veröffentlichen und er überredete Mary Anne, die Auflage zurückzuziehen und zu vernichten. Seine eigenen Verse zerstörte er ebenfalls, weshalb von ihnen nicht mehr als einige wenige Zeilen überliefert sind. Von Mary Annes Buch aber haben sich trotz der Vernichtungsversuche einzelne Exemplare erhalten – und das Werk sollte einigen Einfluss auf die zukünftige Wahrnehmung der Alchemie haben.

Neu in der Darlegung von Mary Anne war vor allem der Gedanke, dass die früheren alchemistischen Texte weniger als konkrete Anleitungen zu materiellen Transformationen, beispielsweise von Blei in Gold, zu verstehen sind, sondern eher geheime Anleitungen zu einer inneren spirituellen Entwicklung des praktizierenden Individuums, d. h. eine Form des praktischen Mystizismus darstellten. Trotz des neuen Interpretationsansatzes war das Buch – übrigens als eines der letzten – aber noch im traditionellen alchemistischen Stil verfasst worden, was es einerseits für ihre Zeitgenossen schwer verständlich machte, andererseits aber auch seinen mystischen Charakter verstärkte. Das Buch erfreute sich vor allem unter den späteren Okkultisten großer Beliebtheit. So fand es bei Éliphas Lévi (1810-1875) Anklang, dem namhaften französischen Wegbereiter des modernen Okkultismus, und auch die englischen okkulten Zirkel der 1880er-Jahre sowie die Theosophische Gesellschaft zeigten Interesse an dem Werk.[377]

Neun Jahre nach der Veröffentlichung von *A Suggestive Inquiry* heiratete Mary Anne den anglikanischen Reverend Alban Atwood und zog in seine Pfarrei in Leake, in der Nähe von Thirsk in Yorkshire, wo sie bis zu ihrem Tode im hohen Alter von 93 Jahren lebte. Während dieser

Jahrzehnte in Abgeschiedenheit hatte sie ihr Interesse an der spirituellen Alchemie aber keineswegs aufgegeben, auch wenn sie keine eigenen Publikationen mehr vorlegte. Vor allem nach dem Tod ihres Mannes im Jahre 1883 pflegte sie rege Korrespondenzen mit mehreren Gleichgesinnten, insbesondere mit Mitgliedern der Theosophischen Gesellschaft, wie Walter Mosely, C.C. Masey und Anne Penny.[378] Allein im Archiv der Brown University in Providence, Rhode Island (USA), befinden sich etwa 700 Briefe und Manuskripte aus den Jahren 1882 bis 1910 von ihr. Besonders intensiv korrespondierte sie mit der 19 Jahre jüngeren Isabelle de Steiger (1836-1927), die später selbst mehrere Bücher verfasste und Mitglied des Hermetischen Ordens der Goldenen Dämmerung war. Isabelle de Steiger war 1879 auch Mitglied der englischen Theosophischen Gesellschaft geworden und hatte dort Anne Penny kennengelernt, die sie wiederum Mary Anne Atwood vorstellte. Die beiden Frauen verband bald eine enge Freundschaft und Isabelle besuchte Mary Anne alljährlich in Yorkshire, um gemeinsam mit ihr zu forschen. Steiger machte Atwood mit den Theorien der bekannten Theosophin Helena Blavatsky (1831-1891) vertraut, während Mary Anne der Freundin die alchemistischen Prinzipien näher brachte. Beeinflusst durch den Kontakt mit Steiger, vermachte Atwood die umfangreiche alchemistische Bibliothek ihres Vaters der Theosophischen Gesellschaft, während Isabelle de Steiger, angeregt durch die gemeinsamen Studien, 1912 zusammen mit anderen Interessenten die Alchemical Society gründete.[379]

Am Ende des 19. und zu Beginn des 20. Jahrhunderts flackerte das allgemeine Interesse an der Alchemie kurzfristig wieder auf, hatte nun aber ausschließlich spirituellen Charakter. Auch jetzt befassten sich vor allem Männer mit der Alchemie, doch traten, dem Zeitgeist entsprechend, nun vermehrt auch Frauen an die Öffentlichkeit. Neben Mary Anne Atwood, Anne Penny und Isabelle de Steiger haben sich beispielsweise auch Elizabeth Severn, Clarissa Miles, die Theosophin Annie Besant und die namhafte Medizinerin Anna Kingsford mit alchemistischen Themen beschäftigt. Die Forschenden richteten ihr Augenmerk aber nicht mehr ausschließlich auf die Alchemie, sondern betrachteten sie nur noch als eine von zahlreichen peripheren Interessensgebieten, weil sie inzwischen wussten, dass die Suche nach einer universellen Weltformel auf diesem Wege nicht erfolgreich sein konnte. Die Alchemie, die über Jahrhunderte die heimliche Hoffnung des Menschen auf eine ganzheitliche Erklärung der Welt in sich trug, hatte nun endgültig ihre Bedeutung verloren.

Ausblick

Von den Legendären bis zu den Späten – die 33 Porträts lassen keinen Zweifel daran, dass sich zu allen Zeiten Frauen mit der Alchemie beschäftigt haben und zwar weit mehr, als bisher allgemein angenommen und dargestellt wurde. Sie zeigen aber auch, dass das in der älteren Alchemieforschung gezeichnete Bild dieser Frauen nicht nur sehr einseitig, sondern teilweise geradezu falsch ist. Immer wieder wird der Eindruck vermittelt, dass alchemisierende Frauen besonders häufig betrügerische Absichten hatten und keinesfalls ernst zu nehmende Forschungen durchführten. Tatsächlich aber ist die Zahl der Betrügerinnen unter den Frauen gering und all jenen, die verdächtig erscheinen, ist ein Betrug jedenfalls nicht eindeutig nachzuweisen.

Die Frage, wann ein Betrug bzw. versuchter Betrug vorliegt, lässt sich gerade in der Alchemie nur schwer beantworten. Dass es den Alchemisten nicht gelungen ist, Gold herzustellen, ist hinlänglich bekannt. Die Erfolglosigkeit ihrer Bemühungen kann aber nicht generell als Betrug hingestellt werden, denn einem Alchemisten, der selbst der festen Überzeugung war, eine Goldformel zu besitzen oder entwickeln zu können, ist kaum ein Betrug zu unterstellen. Maßgeblich erscheint eher die Absicht: Nur wer zum Zwecke einer Täuschung behauptet hat, er könne Gold herstellen, ist einwandfrei als Betrüger zu bezeichnen – sei es, um seinen arglosen Zeitgenossen damit das Geld aus der Tasche zu ziehen oder vielleicht einfach nur um zu imponieren.

Anne Marie Ziegler, der einzigen Frau, die als alchemistische Betrügerin hingerichtet wurde, kann hingegen schwerlich eine betrügerische Absicht unterstellt werden. Zweifelsohne wollte sie mithilfe der Laborarbeit zu

Reichtum gelangen – ein Ziel, das ja die meisten Alchemisten verfolgten. Die Quellen über die Zieglerin weisen allerdings darauf hin, dass sie die Alchemie sehr ernsthaft betrieben hat und selbst davon überzeugt war, irgendwann Gold herstellen zu können. Ihre Verurteilung erfolgte offenbar eher infolge verschiedener undurchsichtiger politischer und privater Intrigen und Machenschaften, in die sie verwickelt war und der alchemistische Betrug war in ihrem Falle wohl ein willkommener Vorwand, sie aus dem Weg zu schaffen. Ganz offensichtlich war sie keine unbescholtene Bürgerin und ihr war mit Sicherheit Einiges vorzuwerfen, aber der von den meisten Alchemieforschern so wortreich geschilderte alchemistische Betrug gehörte nicht dazu.

Natürlich hat es in der Alchemie sowohl Männer als auch Frauen mit betrügerischen Absichten gegeben. Doch ist der Versuch, mit unlauteren Mitteln zu Reichtum zu gelangen, nur eine Facette der alchemistischen Arbeit. Die Porträts zeigen, dass die Frauen in der Alchemie sehr vielfältig Ziele verfolgten. Viele versuchten, den *Stein der Weisen* herzustellen, um auf diesem Wege Erkenntnisse über die Natur des Menschen zu gewinnen. Andere interessierten sich nicht nur für die eigene Spezies, sondern versuchten, dem „Wesen aller Dinge" auf den Grund zu gehen, wie Martine de Bertereau, für die die Alchemie ein Mittel zur Gewinnung naturwissenschaftlicher Erkenntnisse war. Ein Teil der Alchemistinnen nutzte ihr Wissen wiederum, um Arzneien herzustellen und setzte es in der Medizin ein.

Folgt man den traditionellen Vorstellungen über die Interessensgebiete von Frauen, so wäre zu vermuten, dass die Anzahl der medizinisch-pharmazeutisch interessierten Frauen besonders groß war. Tatsächlich lässt sich aber nur bei acht der 33 Frauen ein heilkundliches Interesse erkennen und auch diese acht Frauen haben ihr Wissen nicht ausschließlich medizinisch genutzt, sondern mit der Alchemie noch weitere Ziele verfolgt. Die Beweggründe der Frauen, sich mit der Alchemie zu beschäftigen, waren letztlich also ebenso weit gefächert wie die der Männer.

Schon in der Einführung wurde darauf hingewiesen, dass die Überlieferungslage zu den Alchemistinnen äußerst schwierig ist und von einer großen Anzahl von Frauen ausgegangen werden muss, deren Arbeit in Vergessenheit geraten ist. Die Namen, Arbeitsgebiete und Lebensdaten von Alchemistinnen wurden also eher zufällig überliefert, auch wenn man überlieferungsbegünstigende Faktoren berücksichtigt, wie etwa die Arbeit an der Seite berühmter Männer. Dennoch ist erkennbar, dass sich bestimmte Personengruppen besonders häufig mit der Alchemie befassten, denn eine professionelle Beschäftigung mit der Alchemie war nur unter bestimmten Voraussetzungen möglich.
Nur wenige Frauen hatten beispielsweise den dafür notwendigen Zugang zu einer soliden Bildung und den nötigen finanziellen Wohlstand. Letzterer war für die Frauen vor allem deshalb unentbehrlich, weil sie sich mithilfe der finanziellen Mittel von den häuslichen Verpflichtungen befreien und somit Zeit und Muße für die Bildung gewinnen konnten. Sie mussten darüber hinaus aber auch einen Zugang zu dem speziellen alchemistischen Geheimwissen finden, was eine nicht unerhebliche Hürde war. Dieses Wissen ließ sich durch einschlägige

Fachliteratur, Kontakte zu Gleichgesinnten oder aber – wie so vieles – mit Geld erlangen. Wer die finanziellen Möglichkeiten hatte, konnte einen erfahren Alchemisten engagieren und sich von ihm in die Geheimnisse des Laborierens einweihen lassen. Beste Beispiele dafür liefern die Kurfürstinnen Anna von Sachsen und Katharina von Brandenburg, die sich mit Sebald Schwerzer und Leonhard Thurneysser zwei namhafte Alchemisten an ihre Höfe holten. Diesen Luxus konnten sich natürlich nur wenige leisten, doch Geld war in jedem Fall zwingend notwendig. Eine Laboreinrichtung und die verschiedenen Substanzen waren in der Alchemie unumgänglich und sehr kostspielig. Dies dürfte auch ein guter Grund dafür gewesen sein, weshalb sich prominente Alchemisten wie Schwerzer und Thurneysser an Herrscherhöfen verdingten: Dort wurden sie nicht nur für ihre Arbeit bezahlt, sondern konnten auch kostenlos die gut eingerichteten Labore der Adligen für ihre Forschungen nutzen.

Es gab also mehrere zwingende Voraussetzungen für eine ernsthafte Beschäftigung mit der Alchemie, die in der Summe nur schwer zu erbringen waren. Demzufolge waren vor allem wohlhabende Frauen in der Alchemie anzutreffen, da sie am ehesten in der Lage waren, alle Kriterien zu erfüllen. Diese Annahme bestätigt sich auch bei den porträtierten Frauen, denn 19 der 33 Alchemistinnen stammten nachweislich aus adligen Verhältnissen. Nur fünf von ihnen hatten keinen adligen Ursprung. Die Herkunft der übrigen neun Frauen ist unbekannt. Eine adlige Abstammung spielt im Zusammenhang mit der Alchemie aber noch eine weitere Rolle: Sie verschaffte neben Geld und Bildung auch einen gewissen Handlungsspielraum, über den nichtadlige Frauen nicht verfügten. Die finanzielle Unabhängigkeit und ihre Machtpositionen boten den adligen Frauen gewissermaßen Schutz vor jenen Anfeindungen, Verfolgungen und Ausgrenzungen, denen Alchemistinnen in besonderem Maße ausgesetzt waren. Dieser Schutz war allerdings auch nur begrenzt, wie die Beispiele von Martine de Bertereau, Marie de Bachimont und Anne Marie Ziegler zeigen.

Doch obwohl die meisten der Frauen adliger Herkunft waren, unterscheiden sich ihre Schicksale teilweise beträchtlich. Durch die Gruppierung der Porträts wurde versucht, mehrere unterschiedliche Blickwinkel auf einzelne Facetten ihrer Lebens- und Forschungswegezu richten. Neben den verschiedenen Interessensgebieten, Voraussetzungen und Überlieferungsbedingungen zeigt sich dadurch auch, wie verschieden die Frauen mit ihrer Forschungsarbeit und den damit verbundenen Gefahren umgegangen sind. Natürlich wäre auch eine rein zeitliche oder räumliche Sortierung der Porträts möglich gewesen. Erstere hätte kein sehr überraschendes Ergebnis geliefert, sondern liefe konform mit der allgemeinen Geschichte der Alchemie, das heißt die meisten der Frauen lebten und arbeiteten im 16. und 17. Jahrhundert, also in der Blütezeit der Alchemie. Eine räumliche Betrachtung hingegen ließe deutliche Konzentrationen im englisch-, französisch- und deutschsprachigen Raum erkennen. Allerdings sind diese Häufungen nur bedingt aussagekräftig. Die hohe Dichte von englischsprachigen Alchemistinnen beispielsweise lässt sich vor allem auf einen guten Forschungsstand zurückführen. Dort haben in den letzten Jahrzehnten gezielte Archivrecherchen verschiedene unbekannte Schriftquellen zutage gebracht, denen wir beispielsweise das Wissen um die alchemistischen Tätigkeiten von Margaret Clifford of Cumberland, Mary Herbert oder Katherine Boyle Jones verdanken. Ähnlich intensive Recherchen in den Archiven anderer Regionen brächten mit Sicherheit auch dort neue Quellen und Namen zum Vorschein. Die besonders große Konzentration von deutschsprachigen Frauen ist hingegen wohl vor allem der Tatsache geschuldet, dass die Autorin des Buches aufgrund ihrer sprachlichen Herkunft diese Quellen besonders intensiv studiert hat. Das weitgehende oder vollständige Fehlen von Kenntnissen über Alchemistinnen aus anderen europäischen Regionen, etwa aus den spanischen, portugiesischen und slawischen Sprachräumen, ist jedenfalls kein Beleg dafür, dass es sie dort nicht gab. Eher muss von noch ungeschlossenen Forschungslücken ausgegangen werden.

Die Gegenden mit einer besonders hohen Dichte an bisher bekannten Alchemistinnen bergen durch die Häufungen allerdings ein interessantes Forschungspotential. So lassen sich immer wieder Verbindungen zwischen den Frauen feststellen, deren nähere Untersuchung sicherlich aufschlussreiche Ergebnisse liefern würde. Einige dieser Verbindungen sind nur einfache Schnittstellen, etwa durch gemeinsame Bekannte, familiäre Verknüpfungen, zeitgleiche räumliche Überschneidungen oder ähnliches. Andere aber weisen auf gezielte und teilweise intensive Kontakte zwischen Alchemistinnen hin. Angesichts dieser Auffälligkeiten stellt sich sofort die Frage, welche Bedeutung diese Kontakte hatten und wie groß ihr Einfluss auf die Arbeit der Alchemistinnen war. Besonders die Gruppe laborierender Adliger im Umfeld der Kurfürstin Anna von Sachsen, der mindestens zehn Frauen angehörten, erscheint höchst interessant. Es bleibt also spannend, was die zukünftige Forschung über Frauen in der Alchemie ans Tageslicht bringen wird.

Literaturverzeichnis

Atwood 1850
Atwood, Mary-Anne: A Suggestive Inquiry into the Hermetic Mystery with a Dissertation on the More Celebrated of the Alchemical Philosophers Beeing an Attempt Towards the Recovery of the Ancient Experiment of Nature. London 1850, Trelawney Saunders.

Ballard 1752
Ballard, George: Memoirs of several ladies of Great Britain, who have been celebrated for their writings, or skill in the learned languages, arst and science. Oxford 1752, W. Jackson.

Baigenet 2006
Baigent, Michael / Leigh, Richard / Lincoln, Henry: The Holy Blood And The Holy Grail. London 2006, Arrow Books.

Barrett 1815
Barrett, Francis: The Lives of Alchemystical Philosophers. With a Critical Catalogue of Books in Occult Chemistry, and a Selection of the Most Celebrated Treatises on the Theory and Practice of Hermetic Art. London 1815, Lackington, Allen, & Co.

Bauer 1893a
Bauer, Alexander: Chemie und Alchymie in Österreich bis zum beginnenden XIX. Jahrhundert. Eine Skizze. Wien 1893, Verlag Rudolf Lechner.

Bauer 1893b
Bauer, Alexander: Ein Blick auf die Geschichte der Alchemie in Österreich. Vortrag gehalten den 11. Jänner 1893.Vorträge des Vereines zur Verbreitung naturwissenschaftlicher Kenntnisse in Wien. Wien 1893, Selbstverlag des Vereins.

Bayer 2005
Bayer, Penny: Lady Margaret Clifford`s Alchemical Receipt Book and the John Dee Circle. In: AMBIX 52,3 (2005), 271-284.

Bayer 2007
Bayer, Penny: From Kitchen Hearth to Learned Paracelsianism: Women and Alchemy in the Renaissance. In: Stanton J. Linden (Hrsg.), Mystical metal of Gold. Essays on Alchemy and Renaissance Culture. New York 2007, AMS Press, 365-386.

Bayer 2010
Bayer, Penny: Madame de la Martinville, Quercitan`s Daughter and the Philosopher`s Stone: Manuscript Representations of Women Alchemists. In: Kathleen P. Long (Hrsg.), Gender and Scientific Discourse in Early Modern Culture. Farnham u. a. 2010, Ashgate, 166-187.

Bearne 1899
Bearne, Catherine: Lives and Times of the Early Valois Queens. London 1899, T. Fisher Unwin, 155ff.

Bertereau 1640
Bertereau, Martine de: La Restitution de Pluton à Mgrl'éminentissime cardinal duc de Richelieu des mines et minières de France... Paris 1640, Hervè du Mesnil.

Beytrag 1785
Beytrag zur Geschichte der höhern Chemie oder Goldmacherkunde in ihrem ganzen Umfange. Ein Lesebuch für Alchemisten Theosophen und Weisensteinsforscher und auch für alle, die wie sie, die Wahrheit suchen und lieben. Leipzig 1785, Christian Gottlob Hilscher.

Boas 1968
Boas, Marie: Robert Boyle and Seventeenth-Century Chemistry. New York 1968, Kraus Reprint Co.

Bouthier 2009
Bouthier, Alain: Bernard perrot entre secrets et innovations. In : Actes du deuxième colloque international de l'association Verre & histoire 2009, http://www.verre-histoire.org/colloques/innovations/pages/p205_01_bouthier.html, 23.04.2014.

Bouyer 1992
Bouyer, Christian: Dictionnaire des reines de France. Paris 1992, Perrin, 208f.

Brüning 2004-2007
Brüning, Volker F.: Bibliographie der alchemistischen Literatur. 3 Bände. München 2004-2007, Saur Verlag.

Buckley 2004
Buckley, Veronica: Christina. Queen of Sweden. London 2004, Fourth Estate.

Chevalier 1784
Stuart de Chevalier, Sabine: Discours philosophique sur les trois principes, animal, végétal et minéral. Ou la suite de la Clef qui ouvre les portes du sanctuaire philosophique. Tome Premier. Paris 1784, Quillau.

Chevalier/Stuart de Chevalier 1765
Chevalier, Claude und Stuart de Chevalier, Sabine: L'Existence de la pierre merveilleuse des philosophes: prouvée par des faits incontestables.

Chilian 1908
Chilian, Hans: Barbara von Cilli. Borna-Leipzig 1908, Buchdruckerei Robert Noske.

Christianson 2003
Christianson, John Robert: On Tycho`s Island: Tycho Brahe, Science, and Culture in the Sixteenth Century. Cambridge 2003, Cambridge University Press.

Cortese 1565
I Secreti de la Signora Isabella Cortese. Ne 'quali si contengono cose minerali, medicinali, arteficiose, & Alchimiche, & molte de l'arte profumatoria, appartenenti a ogni gran Signora. Con altri bellissimi Secreti aggiunti. Venetia 1565, Giouanni Bariletto.

Cortese 1596
Cortese, Isabella: Verborgene und heimliche Künste unnd Wun-

derwerck in der Alchimia, Medicina und Chirurgia und allerley Kuensten: Fuernemlich aber wie man ein ungestalten Leib an Mann und Frauen außwendig nach Jtaliænischer Manier zieren und jung geschaffen deßgleichen die Angesichter schœn roth unnd weiß machen die Haar zierlich ferben auch sonsten allerley Wartzen vnnd Flecken im Angesicht vnd Hænden vertreiben soll. Sampt Entdeckung etlicher schweren Zufælle und heimlicher Schæden so ehrbarn Frauen vor und in der Geburt begegnen ... Alles auß Jtaliænischer Spraach ... in unser Teutsch gebracht und in vier Buecher abgetheilet. Franckfort am Mayn 1596, Christ. Egen Erben.

Corvinus 1739
Corvinus, Gottlieb Siegmund: Nutzbares, galantes und curiöses Frauenzimmer-Lexicon. Franckfurt und Leipzig 1739, Johann Friedrich Gleditschens seel. Sohn.

Crell 1785
Crell, Lorenz: Chemische Annalen für die Freunde der Naturlehre, Arzneygelahrtheit, Haushaltungskunst und Manufacturen, Zweyter Band. Helmstädt und Leipzig 1785, Buchhandlung der Gelehrten und J.G.Müllersche Buchhandlung.

Cyran 1976
Cyran, Eberhard: Das Schloß an der Spree. Die Geschichte eines Bauwerks und einer Dynastie. Berlin 1976, Arani-Verlag.

Dechent 1896
Dechent, Hermann: Goethes Schöne Seele. Susanna Katharina v. Klettenberg. Ein Lebensbild im Anschlusse an eine Sonderausgabe der Bekenntnisse einer schönen Seele. Gotha 1896, Friedrich Andreas Perthes.

Dickson 2001
Dickson, Donald R.: Thomas and Rebecca Vaughan`s AQUA VITAE: NON VITIS (British Library MS, Sloane 1741). Tempe 2001, Arizona Center for Medieval and Renaissance Studies.

Dixon 1994
Dixon, Laurinda (Hrsg.): Nicolas Flamel. His Exposition of the Hieroglyphicall Figures (1624). New York 1994, Garland Publishing.

E.H. 1702
Ein Ausführlicher Tractat Von philosophischen Werck Des Steins der Weisen, durch eine Jungfer E.H. genannt Anno 1574 geschrieben. Hamburg 1702, Gottfried Liebezeit.

Emerys 2007
Emerys, Chevalier: Revelation of the Holy Grail. o.O. 2007. Selbstverlag.

Federmann 1964
Federmann, Reinhard: Die königliche Kunst. Eine Geschichte der Alchemie. Berlin u. a. 1964, Paul Neff Verlag.

Fell Smith 1901
Fell Smith, Charlotte: Mary Rich, Countess of Warwick (1625 - 1678), Her Family & Friends. London 1901, Longmans, Green, and Co.

Ferguson 1906
Ferguson, John: Bibliotheca Chemica: A Catalog of the Alchemical, Chemical, and Pharmaceutical Books in the Collection of the Late James Young of Kelly and Durris, ESQ., LL.D., F.R.S., F.R.S.E. Volume II. Glasgow 1906, James Maclehose and Sons.

Fictuld 1753
Fictuld, Hermann: Des längst gewünschten und versprochenen chymisch-philosophischen Probier-Steins erste Class. Franckfort und Leipzig 1753, Veraci Orientali Wahrheit und Ernst Lugenfeind.

Figuier 1860
Figuier, Louis: Histoire du merveilleux dans les temps modernes. Paris 1860, Hachette.

Fischer 2001
Fischer, Ernst Peter: Die andere Bildung. Was man von den Naturwissenschaften wissen sollte. München 2001, Ullstein.

Flamel 1751
Flamel, Nicholas: Des berühmten Philosophi Nicolai Flamelli Chymische Werke. Aus dem Französischen in das Teutsche übersetzt

von J.L.M.C. Wien 1751, Johann Paul Kraus.

Fletcher 1999
Fletcher, Anthony: Gender, Sex and Subordination in England 1500-1800. New Haven 1999, Yale University Press.

Frize 2009
Frize, Monique: The Bold and the Brave: a History of Women in Science and Engineering. With Contributions from Peter R. D. Frize and Nadine Faulkner. Ottawa 2009, University of Ottawa Press.

Funck-Brentano 1901
Funck-Brentano, Frantz: Princes and Poisoners. Studies of the Court of Louis XIV. London 1901, Duckworth and Co.

Gebelein 2000
Gebelein, Helmut: Alchemie. Kreuzlingen/München 2000, Hugendubel.

Gmelin 1798
Gmelin, Johann Friedrich: Geschichte der Chemie seit dem Wiederaufleben der Wissenschaften bis an das Ende des achtzehnten Jahrhunderts. Göttingen 1798, Johann Georg Rosenbusch.

Godet 1779
Godet, Nicolas: Les Anciens Minéralogistes du royaume de France. Paris 1779, Ruault.

Goethe 1993
Goethe, Johann Wolfgang von: Aus meinem Leben. Dichtung und Wahrheit. Eine Auswahl. Stuttgart 1993, Philipp Reclam jun.

Goldsmith 1995
Goldsmith, Elizabeth C.: Going Public. Women and Publishing in Early Modern France. Ithaka 1995, Cornell University Press.

Goodrick-Clarke 2013
Goodrick-Clarke, Nicholas: Western Esoteric Traditions and Theosophy. In: Hammer, Olav / Rothstein, Mikael (Hrsg.): Handbook of the Theosophical Current. Leiden 2013, Brill, 261-308.

Gordon 1896
Gordon, Alexander: John Pordage. In: Dictionary of National Biography, Vol. 46. New York 1896, Macmillan and Co, 150-151.

Gordon 2013
Gordon, Robin L.: Searching for the Soror Mystica. The Lives and Science of Women Alchemists. Lanham 2013, Rowman & Littlefield.

Grell 1998
Grell, Ole Peter (Hrsg.): Paracelsus. The Man and His Reputation, His Ideas and Their Transformation. Leiden 1998, Brill.

Hagena 2006
Hagena, Ulrike: Ziegler, Anne Marie von. In: H.-R. Jarck u a. (Hrsg.), Braunschweigisches Biographisches Lexikon 8. bis 18. Jahrhhundert. Braunschweig 2006, Appelhans, 757-758.

Hannay 1997
Hanny, Margaret P: "How I these studies prize": The Countess of Pembroke and Elizabethan Science. In: Hunter, Lynette/Hutton, Sarah (Hrsg.): Women, Science and Medicine 1500 - 1700: Mothers and Sisters of the Royal Society. Gloucestershire 1997, Sutton, 108-121.

Harless 1830
Harless, Johann Christian Friedrich: Die Verdienste der Frauen um Naturwissenschaft und Heilkunde. Göttingen 1830, Vandenhoek – Ruprechts Verlag.

Henkel 1794
Henkel, Johann Friedrich: Mineralogische, Chemische und Alchemistische Briefe von reisenden und andern Gelehrten an den ehemaligen Chursächsischen Bergrath J.F. Henkel, Erster Theil. Dresden 1794, Waltherische Hofbuchhandlung.

Henkel 1795
Henkel, Johann Friedrich: Mineralogische, Chemische und Alchemistische Briefe von reisenden und andern Gelehrten an den ehemaligen Chursächsischen Bergrath J.F. Henkel, Dritter Theil. Dresden 1795, Waltherische Hofbuchhandlung.

Hermetisches A.B.C. 1778
Hermetisches A.B.C. derer ächten Weisen alter und neuer Zeiten vom Stein der Weisen, Theil 1. Berlin 1778, Christian Ulrich Ringmacher.

Heyden-Rynsch 2000
Heyden-Rynsch, Verena von der: Christina von Schweden. Die rätselhafte Monarchin. Weimar 2000, Verlag Hermann Böhlaus Nachfolger.

Hochhuth 1865
Hochhuth, C.W.H.: Geschichte und Entwicklung der philadelphischen Gemeinden, I: Jane Leade und die philadelphische Gemeinde in England. IN: Zeitschrift für die historische Theologie, Band 35, Jahrgang 1865, 171-290.

Hörmann 1898
Hörmann, Johannes: Die königliche Hofapotheke in Berlin 1598-1898. In: Hohenzollerjahrbuch 2 (1898), 208-226.

Hunter 1997
Hunter, Lynette: Sisters of the Royal Society. The Circle of Katherine Jones, Lady Ranelagh. In: Hunter, Lynette/Hutton, Sarah (Hrsg.), Women, Science and Medicine 1500 - 1700: Mothers and Sisters of the Royal Society. Gloucestershire 1997, Sutton, 178-197.

Huschke 1983
Huschke, Wolfgang: Die Neubürger der Stadt Weimar 1621-1691. Neustadt 1980, Degener.

J.P.M.D. 1779
J.P.M.D.: Ein gründlich philosophisch Sendschreiben vom rechten und wahren Steine der Weißheit: worinnen der ganze Proceß des philosophischen Werks, oder wie man das Werk der wahren Wiedergeburt recht anfangen, darinnen glücklich fortgehen und es zum vollkommenen und seeligen Ende bringen soll. Berlin 1779, Christian Ulrich Ringmacher.

Jung 1991
Jung, Carl Gustav: Die Psychologie der Übertragung. Erläutert an-

hand einer alchemistischen Bildserie. München 1991, Deutscher Taschenbuch Verlag.

Jung 1998
Jung, Carl Gustav: Gesammelte Werke. Band 11, Zur Psychologie östlicher und westlicher Religionen. Olten und Freiburg i. Breisgau 1998, Walter Verlag.

Justi 1761
Justi, Johann Heinrich Gottlob von: Johann Heinrich Gottlobs von Justi gesammelte Chymische Schriften worinnen das Wesen der Metalle und die wichtigsten chymischen Arbeiten vor dem Nahrungsstand und das Bergwesen ausführlich abgehandelt werden. Zweyter und letzter Band. Berlin und Leipzig 1761, Verlag des Buchladens der Real-Schule.

Keller 2010
Keller, Katrin: Kurfürstin Anna von Sachsen (1532-1585). Regensburg 2010, Verlag Friedrich Pustet.

Kirchner 1867
Kirchner, Ernst Daniel Martin: Die Churfürstinnen und Königinnen auf dem Throne der Hohenzollern im Zusammenhange mit ihren Familien- und Zeit-Verhältnissen. Zweiter Theil. Berlin 1867, Wiegandt Grieben, 70-106.

Kopp 1868
Kopp, Hermann: Beiträge zur Geschichte der Chemie. Braunschweig 1868, Friedrich Vieweg und Sohn.

Kopp 1886
Kopp, Hermann: Die Alchemie in älterer und neuerer Zeit. Ein Beitrag zur Culturgeschichte. Erster Theil: Die Alchemie bis zum letzten Viertel des 18. Jahrhunderts. Heidelberg 1886, Carl Winter`s Universitätsbuchhandlung.

Krätz 1990
Krätz, Otto: Faszination Chemie. 7000 Jahre Lehre von Stoffen und Prozessen. München 1990, Callwey.

Krätz 2004
Krätz, Otto: Alchemie in der Tonne des Diogenes. Goethes Märchen. In: Scientia poetica. Literatur und Naturwissenschaft. Hrsg. v. Norbert Elsner und Werner Frick. Göttingen 2004, Wallstein, 99-134.

Kühlmann/Vollhardt 2002
Kühlmann, Wilhem und Vollhardt, Friedrich: Offenbarung und Episteme: Zur europäischen Wirkung Jakob Böhmes im 17. und 18. Jahrhundert. Berlin 2002, Walter de Gruyter.

Kühner 1957
Kühner, Hans: Caterina Sforza. Fürstin, Tyrannin, Büsserin. Zürich/Stuttgart 1957, Werner Classen Verlag.

Kunckel 1738
Kunckel von Löwenstern, Johann: Collegium Physico-Chemicum Experimentale, Oder Laboratorium Chymicum... Dritte Auflage, Hamburg 1738, Gottfried Richter.

Kutschbach 1849
Kutschbach, K. W.: Chronik der Stadt Küstrin. Küstrin 1849, Nigmann.

Lesage 1993
Lesage, Claire: La litterature des „secrets“ et I secreti d`Isabella Cortese. In: Chroniques Italiennes 36 (1993), 145-178.

Lichtenberg 1785
Lichtenberg, Ludwig Christian: Magazin für das Neueste aus der Physik und Naturgeschichte, 3. Band, 2. Stück. Gotha 1785, Carl Wilhelm Ettinger.

Lippmann 1919
Lippmann, Edmund O. von: Entstehung und Ausbreitung der Alchemie. Ein Beitrag zur Kulturgeschichte. Berlin 1919, Julius Springer.

Lüders 1979
Lüders, Detlev: Klettenberg, Susanna Katharina von. In: Neue

Deutsche Biographie, Band 12 (1979), 54.

Meister 1784
Meister, Leonhard: Hauptszenen der Helvetischen Geschichte, nach der Zeitordnung gereyhet. Zweyten Theils erste Abtheilung. Zürich 1784, Orell, Geßner, Füßli und Comp.

Merkur 1993
Merkur, Daniel: Gnosis. An Esoteric Tradition of Mystical Visions and Unions. Albany 1993, State University of New York Press.

Meurdrac 1656/1666
Meurdrac, Marie: La chymie charitable et facile, en faveur des dames. par damoiselle M.M. A Paris, se vend rue des Billettes 1656 (vermutlich erst 1666 veröffentlicht).

Meurdrac 1712
Meurdrac, Marie: Die mitleidende und leichte Chymie. Dem löblichen Frauen-Zimmer zu sonderbahrem Gefallen. Joh. Adam Jungen, Franckfurt am Mayn 1712.

Michaud 1816
Michaud, Louis-Gabriel: Biographie universelle, ancienne et moderne. Tome 15 : Flamel, (Nicolas). Paris 1834, L.-G. Michaud, 8-12.

Michaud 1834
Michaud, Louis-Gabriel: Biographie universelle, ancienne et moderne. Supplément, Tome 57: Beausoleil (Jean du Chatelet, baron de). Paris 1834, L.-G. Michaud, 418-420.

Müller 1700
Müller, Johann Sebastian: Annales des Chur- und Fürstlichen Hauses Sachsen von Anno 1400 bis 1700. Weymar und Leipzig 1700, Johann Ludwig Gleditsch.

Nunmedal 2001
Nunmedal, Tatra E.: Alchemical reproduction and the carreer of Anna Maria Zieglerin. In: AMBIX 48,2 (2001), 56-68.

ODNB 2004,30
Mathew, H. C. G./Harrison, B. (ed.): Oxford Dictionary of National Biography. Oxford 2004, Oxford University Press. Volume 30, 574 - 576.

Ogilvie/Harvey 2000
Ogilvie, Marilyn/Harvey, Joy: the Biographical Dictionary of Women in Science. Pioneering Lives from Ancient Times to the Mid-20thcentury. London 2000, Routledge.

Paracelsus 1565
Paracelsus, Theophrast: Das Buch Pagranum Aureoli Theophrasti Paracelsii: Darinn die vier Columnae, als da ist / Philosophia / Astronomia / Alchimia unnd Virtus, auf welche Theophrasti Medicin fundirt ist / tractirt werden. Franck. bey Chri. Egen. Erben 1565.

Patai 1994
Patai, Raphael: The Jewish Alchemists: A History and Source Book. Princeton 1994, Princeton University Press.

Paullini 1712
Paullini, Christian Franz: Hoch- und Wohl-gelahrtes teutsches Frauenzimmer. Abermahl durch Hinzusetzung unterschiedlicher Gelehrter/ Wie auch etlicher Ausländischer Damen hin und wieder um ein merckliches vermehret. Erffurth 1712, Joh. Chr. Stößels seel. Erben.

Paušek-Baždar 2008
Paušek-Baždar, Snježana: Barbara Celjska kao alkemičarka u Samoboru. In: HAZU - Zavod za povijest znanosti 15 (2008), 275-280.

Pert 2006
Pert, Alan: The Red Cactus. The Life of Anna Kingsford. Watsons Bay 2006, Books & Writers.

Petersen 1855
Petersen, Niels Matth: Bidrag til den danske Literaturs Historie: Det laerde Tidsrum 1560 - 1710, Band 3. Kopenhagen 1855, Berling, S. 236-237.

Philaletha 1749
Philaletha, Eugenius [Vaughan, Thomas]: Magia Adamica oder Das Altherthum der Magie, Als dererselben von Adam an herabwärts geleitete Erweisung. Leipzig und Hof 1749, Johann Gottlieb Viering.

Priesner/Figala 1998
Priesner, Claus und Figala, Karin: Alchemie: Lexikon einer hermetischen Wissenschaft. München 1998, C.H. Beck.

Ravaisson 1872
Ravaisson, François (Hrsg.): Archives de la Bastille 1678-1679. Paris 1872, A. Durand et Pedone-Lauriel.

Ray 2010
Ray, Meredith K.: Experiments with Alchemy: Caterina Sforza in Early Modern Scientific Culture. In: Kathleen P. Long (Hrsg.), Gender and Scientific Discourse in Early Modern Culture. Farnham u. a. 2010, Ashgate, 139-163.

Rhamm 1883
Rhamm, Albert: Die betrüglichen Goldmacher am Hofe des Herzogs Julius von Braunschweig. Wolfenbüttel 1883, Julius Zwißler.

Richebourg 1741
Richebourg, Jean Maugin de: Bibliotheque des Philosophes Chimiques. Nouvelle Edition. Tome premier. Paris 1741, Andrè Cailleau.

Rizzardini 2010
Rizzardini, Massimo: Lo strano caso della Signora Isabella Cortese, professoressa di secreti. In: Philosophia. Bollettino della Società Italiana di Storia della filosofia II (2010), 45-84.

Russell 2007
Russell, Rinaldina: Caterina Sforza. In: D.M.Robin u. a. (Hrsg.): Encyclopedia of Women in the Renaissance, Itlay, France and England. Santa Barbara 2007, ABC-Clio.

Schacher 1738
Schacher, Polycarp Friedrich und Schmidt, Johannes Heinrich: Dissertatio historico Dissertatio historico critica de feminis ex arte me-

dica claris. Von Weibern die sich in der Artzneywissenschaft berühmt gemacht. Lipsiae 1738, Officina Langenhemiana.

Schmidt 1706
Schmidt, Johann G.: Der von Mose und denen Propheten übel urtheilende Alchymist. Chemnitz 1706, Conrad Stöffeln.

Schmieder 1832
Schmieder, Karl Christoph: Geschichte der Alchemie. Halle 1832, Verlag der Buchhandlung des Waisenhauses.

Schönfeld 1947
Schönfeld, Walter H.P.: Frauen in der abendländischen Heilkunde vom klassischen Altertum bis zum Ausgang des 19. Jahrhunderts. Stuttgart 1947, Ferdinand Enke Verlag.

Schütt 2000
Schütt,Hans-Werner: Auf der Suche nach dem Stein der Weisen. Die Geschichte der Alchemie. München 2000, C. H. Beck.

Schwendt 2009
Schwendt, Georg: Chemische Experimente in Schlössern, Klöstern und Museen: Aus Hexenküche und Zauberlabor. Weinheim 2009, Wiley-VCH.

Shackelford 2004
Shackelford, Jol: A Philosophical Path for Paracelsian Medicine: The Ideas, Intellectual Context, and Influence if Petrus Severinus (1540/2-1602). København 20044, Museum Tusculanum Press.

Soest 2011
Soest, Magdalena: Caterina Sforza ist Mona Lisa. Die Geschichte einer Entdeckung. Baden-Baden 2011. Deutscher Wissenschaftsverlag.

Somerset 2006
Somerset, Anne: Die Giftaffäre. Mord, Menschenopfer und Schwarze Messen am Hof Ludwigs XIV. Essen 2006, Magnus Verlag.

Sonnenblume 1749
Zwey rare chymische Tractätlein. Das Erste: Sonnen-Blume der Wei-

sen, das ist: eine helle und klare Vorstellung der Præparirung des philosophischen Steins, Neben Bestraffung derjenigen, welche sich ohne Grund hierinnen bemühen. Wie auch eine Wohlmeynende Warnung in was vor Materien man sich hierinnen zu hüten, Indem die Authorin ihre selbst-eigene Thorheiten, so sie in ungegründeten Arbeiten begangen, aller Welt vor Augen stellet. Gedruckt im Jahr 1749.

Soukup 2007
Soukup, Rudolf Werner: Chemie in Österreich. Von den Anfängen bis zum Ende des 18. Jahrhunderts. Bergbau, Alchemie und frühe Chemie. Geschichte der frühen chemischen Technologie und Alchemie des ostalpinen Raumes unter Berücksichtigung von Entwicklungen in angrenzenden Regionen. Wien u. a. 2007. Böhlau Verlag.

Stahl 1718
Stahl, Georg Ernst: Zufällige Gedancken und nützliche Bedencken über den Streit / Von dem sogenannten Sulphure. Halle 1718. In Verlegung des Waysenhauses.

Sternbucta 1779
Sternbucta, Theosophia: Antwort auf das philosophische Sendschreiben vom rechten und wahren Steine der Weisen. Berlin 1779, Christian Ulrich Ringmacher.

Stöckinger/Telle 1997
Stöckinger, Annelies / Telle, Joachim (Hrsg.): Die Alchemiebibliothek des Alexander von Bernus in der Badischen Landesbibliothek Karlsruhe. Katalog der Drucke und Handschriften. Woesbaden 1997. Harrassowitz Verlag.

Strohmeier 1998
Strohmeier, Renate: Lexikon der Naturwissenschaftlerinnen und naturkundigen Frauen Europas. Von der Antike bis zum 20. Jahrhundert. Frankfurt a.M. 1998, Verlag Harri Deutsch.

Stuart de Chevalier 1781a
Stuart de Chevalier, Sabine: Discours philosophique sur les trois principes, animal, végétal et minéral. Ou la Clef du sanctuaire philosophique. Tome Premier. Paris 1781, Quillau.

Stuart de Chevalier 1781b
Stuart de Chevalier, Sabine: Discours philosophique sur les trois principes, animal, végétal et minéral. Ou la Clef du sanctuaire philosophique. Tome Second. Paris 1781, Quillau.

Tosi 2002
Tosi, Lucia: Au XII.e siècle Marie Meurdrac publie un traité de Chimie. Une Première? In: Bougard, Michel (Hrsg.): Alchemy, Chemistry and Pharmacy – Proceedings of the XXth International Congress of History of Science, Liège, 20-26 July 1997. De Diversis Artibus, volume XVIII. Turnhout 2002, Brepols, 99-104.

Tosi 2001
Tosi, Lucia: Marie Meurdrac: Paracelsian Chemist ans Feminist. In: AMBIX 48,2 (2001), 69-81.

Treffer 1996
Treffer, Gerd: Die französischen Königinnen. Von Bertrada bis Marie Antoinette (8.-18. Jahrhundert). Regensburg 1996S. Pustet, 184-186.

Wackenroder 1839
Wackenroder, Heinrich: Historische Skizze der Alchemie. Hannover 1839, Hahnsche Hofbuchhandlung.

Wallich 1705a
Wallich, Dorothea Juliana: Das Mineralische Gluten, Mercurius Philosophorum, Langer und kurzer Weg zur Universal-Tinctur, deutlich und klärlich entdecket und angewiesen durch D. I. W. von Weimar aus Thüringen. Leipzig 1705, Johann Heinichens Wittwe.

Wallich 1705b
Wallich, Dorothea Juliana: Der philosophische Perl-Baum, das Gewächse der drey Principien, zu deutlicher Erklärung des Steins der Weisen, wie er mit seinen Wurtzeln in der äussern und finstern Welt, mit seiner Blüthe aber in der Paradiesischen und Licht-Welt, und mit seiner reiffen Frucht in der Englischen und Himmlischen Welt stehet und wächset. Beschrieben durch D.I.W. von Weimar aus Thüringen. Leipzig 1705, Johann Heinichen.

Wallich 1706
Wallich, Dorothea Juliana: Schlüssel zu dem Cabinet der geheimen Schatz-Kammer der Natur, zur Such- und Findung des Steins der Weisen, durch Fragen und Antwort gestellet. Verfertiget und der Welt gezeiget durch D.I.W. von Weimar aus Thüringen. Leipzig 1706, Johann Heinichs Wittwe.

(Wallich) 1738
Pleiades Philosophicae Rosianae oder Philosophisches Sieben-Gestirn der Rosen-Creutzer, bestehend in 7. sehr geheimen und vortreflichen Processen das Universal betreffend. Wie solche per Testamentum von dem seel. Autore, so ein wahrer Possessor gewesen des Lapidis Philosophonim einem guten Freunde vermacht in einer mit Golde geschriebenen Schrift auf Pergament, von welcher man solches Verbotenus abgeschrieben, und auf instandiges Ansuchen vieler Liebhaber dem Publico zum besten in Druck gegeben; Deme beygefüget D. J. W. so das Mineralische Gluten geschrieben, richtiger, wahrer u. sehr geheim gehaltener Grosser Universal-Procefe, wie solcher von dem Autore selbst einem Amtmann, bey dem er logiret, und es selbst elaboriret, communiciret worden. Leipzig und Nordhausen 1738, J.H. Gross.

Walpole 1806
Walpole, Horace: A Catalogue of the Royal and Noble Authors of England, Scotland, and Ireland: With Lists of Their Works, Volume 2. Enlarged and Continued to the Present Time by Thomas Park. London 1806, John Scott.

Weber 1865
Weber, Karl von: Anna Churfürstin zu Sachsen, geboren aus königlichem Stamm zu Dänemark. Ein lebens- und Sittenbild aus dem sechszehnten Jahrhundert. Leipzig 1865, Verlag von Bernhard Tauchnitz.

Wegener 2006
Wegener, Franz: Der Alchemist Franz Tausend. Alchemie und Nationalsozialismus. Gladbeck 2006, Kulturförderverein Ruhrgebiet.

Wiegleb 1777
Wiegleb, Johann Christian: Historisch-kritische Untersuchung der

Alchemie, oder der eingebildeten Goldmacherkunst; von ihrem Ursprunge sowohl als Fortgange, und was nun von ihr zu halten sey. Weimar 1777, Carl Ludolf Hoffmann.

Wiegleb 1781
Wiegleb, Johann Christian: Die zum allgemeinen gebrauch wohleingerichtete Destillirkunst, worinnen sehr viele nützliche Zubereitungen beschrieben sind. Zweyter Band. Breslau 1781, Wilhelm Gottlieb Korn.

Zedler 1735
Zedler, Johann Heinrich: Grosses vollständiges Universal-Lexicon aller Wissenschafften und Künste, Band 12. Leipzig 1735, Joh. Heinr. Zedler.

Zedler 1747
Zedler, Johann Heinrich: Grosses vollständiges Universal-Lexicon aller Wissenschafften und Künste, Band 52. Leipzig 1747, Joh. Heinr. Zedler.

Zeeberg 1994
Zeeberg, Peter: Tycho Brahes „Urania Titani“: et digt om Sophie Brahe. København 1994, Museum Tusculanum Press.

Zimmermann 1790
Zimmermann, Johann Georg: Fragmente über Friedrich den Grossen zur Geschichte seines Lebens, seiner Regierung und seines Charakters. Erster Band. Leipzig 1790, Weidmannische Buchhandlung.

Danksagung

Dieses Buch ist natürlich nicht ohne Hilfe entstanden und ich möchte allen Personen danken, die mich bei der Arbeit unterstützt haben. Mein besonderer Dank gilt Irina Kohlmetz und Dolores Pieschke, die mir bei der Arbeit an diesem Buch stets mit anregenden Kritiken und Hinweisen zur Seite standen und unermüdlich Korrekturen gelesen haben. Darüber hinaus danke ich besonders Kerstin Geßner dafür, dass sie mich immer wieder ermutigt hat, weiter zu machen.

Anmerkungen

[1] Zu den Standardwerken gehören beispielsweise Wiegleb 1777, Schmieder 1832 sowie Kopp 1996. In jüngerer Zeit erschienen u. a. Gebelein 2000 und Schütt 2000.

[2] Zu den einzelnen Frauen siehe Wiegleb 1777, 287f; Gmelin 1798, 247, 260f, 320, 325, 351; Schmieder 1832, 189, 223, 290, 295, 310f, 513f, 547, 548f; Kopp 1886, 114, 127, 138f, 160f, 170, 174, 235, 236, 378; Gebelein 2000, 155ff, 158, 190, 234, 321ff.

[3] Bayer 2010 gibt auf den ersten Seiten ihres Aufsatzes einen guten Überblick über die Entwicklung der Wahrnehmung der Frauen in der Alchemie in der Sekundärliteratur.

[4] Sabine Stuart de Chevalier.

[5] Martine de Bertereau, Isabella Cortese und Marie Meurdrac.

[6] Siehe Gebelein 2000, 99ff und 109ff.

[7] Lippmann 1919, 63.

[8] Patai 1994, 78.

[9] Kopp 1868, 403f.

[10] Schmieder 1832, 50.

[11] Ebd.

[12] Zitiert nach Lippmann 1919, 46.

[13] Kopp 1868, 404ff.

[14] Ausführliche Beschreibungen einiger ihrer Apparaturen finden sich u. a. bei Lippmann 1919, 47ff.

[15] Siehe Ferguson 1906, 77f., Schmieder 1832, 49 und Kopp 1868, 406 Anm. 141.

[16] Lippmann 1919, 48. Der griechische Originaltext lautet: „Tό ἐν γίνεται δύο, καί τά δύο γ‘, Καί του γ’του τό ἐν τέταρτον. Ἐν δύς ἐν“.

[17] Jung 1998, 1. Teil, Kap. II, 127ff.

[18] Lippmann 1919, 75.

[19] Ebd., 90.

[20] Ebd., 89.

[21] Schütt 2000, 75.

[22] Ogilvie/Harvey 2000, Bd. 2, 978.

[23] Strohmeier 1998, 156.

[24] Im Folgenden siehe Lippmann 1953, 50f.

[25] Schütt 2000, 128.

[26] Lippmann 1953, 51ff.

[27] Bouyer 1992, 208.

[28] Bearne 1899, 176.

[29] Ebd., 227, 235ff u. a.

[30] Treffer 1996, 186.

[31] Baigent 2006, 459 und Emerys 2007, 88.

[32] Bearne 1899, 270f.

[33] Emerys 2007, 89.

[34] Ebd.

[35] Gebelein 2000, 158.

[36] Emerys 2007, 89.

[37] Schmieder 1832, 223.

[38] Bauer 1893b, 115.

[39] Ebd., 117.

[40] Ebd. 116.

[41] Chilian 1908, 67.

[42] Schmieder 1832, 223.

[43] Bauer 1893b, 118.

[44] Paušek-Baždar 2008.

[45] Übersetzung nach dem bei Kopp 1886, 160f (FN) im lateinischen Original wiedergegebenen Text.

[46] Ebd. und Bauer 1893b, 123.

[47] Bauer 1893b, 119.

[48] Soukoup 2007, 109.

[49] Kühner 1957, 9.

[50] Ebd., 22.

[51] Ebd., 23ff.

[52] Ebd., 51.

[53] Ebd., 60ff und 179ff.

[54] Ebd., 93ff.

[55] Kühner 1957, 26 und Russell 2007, 338f.

[56] Ray 2010, 142 FN 13. Das Manuskript ist nicht im Original sondern in einer Abschrift durch den Conte Lucantonio Cuppano erhalten.

[57] Ray 2010 hat eine ausführliche Analyse der Experimenti vorgenommen und ihren alchemistischen Inhalt erschlossen. Der folgende Text basiert im Wesentlichen auf Rays Forschungsergebnissen.

[58] Ray 2010, 146.

[59] Ebd., 151.

[60] Ebd., 148.

[61] Ebd., 153.

[62] Cortese 1588, 32.

[63] Ray 2010, 159.

[64] Keller 2010, 13.

[65] Ebd., 15.

[66] Siehe auch: Katrin Keller, Anna von Dänemark, http://saebi.isgv.de/biografie/Anna,_KurfÃ¼rstin_von_Sachsen_(1532-1585), in: Sächsische Biografie, hrsg. vom Institut für Sächsische Geschichte und Volkskunde e.V., bearb. von Martina Schattkowsky, Online-Ausgabe: http://www.isgv.de/saebi/, 23.08.2013.

[67] Ebd.

[68] Keller 2010, 27.

[69] Ebd., 30.

[70] Ebd., 149.

[71] Siehe: Inventarii über die Churfürstliche Sächsische Librarey zu Dreszden. In: SLUB, Bibl.Arch.I.Ba, Vol. 28/30 - 1 : Bibl.Arch.I.Ba, Vol. 28, u. a. 246, 247, 248, 252 usw.

[72] Paracelsus 1565, 4.

[73] Ebd., 70.

[74] Keller 2010, 150.

[75] Ebd.

[76] Ebd., 164.

[77] Im Folgenden ebd., 153ff.

[78] Ebd., 55ff.

[79] Kunckel 1738, 592.

[80] Ebd.

[81] Angaben nach Keller, 2010, 154.

[82] Siehe Keller, 2010, 56 und Inventarii über die Churfürstliche Sächsische Librarey zu Dreszden. In: SLUB, Bibl.Arch.I.Ba, Vol. 28/30 - 2 : Bibl.Arch.I.Ba, Vol. 29, 122ff.

[83] Keller 2010, 157.

[84] Nach Schmieder 1832, 310.

[85] Weber 1865, 274ff.

[86] Ebd., 279.

[87] Schmieder 1832, 310, Kopp 1886, 127 und Federmann 1964, 255.

[88] Beytrag 1785, 244.

[89] Keller 2010, 161.

[90] Kirchner 1867, 71f.

[91] Hörmann 1898, 27.

[92] Cyran 1995, 59f.

[93] Ebd.

[94] Kirchner 1867, 91.

[95] Ebd.

[96] Ebd.

[97] Hörmann 1898, 210f.

[98] Ebd., 211.

[99] Keller 2010, 64 und 68.

[100] Ebd., 161.

[101] Weber 1865, 273f.

[102] Hörmann 1898, 210.

[103] Angaben zu ihrem Leben nach Heyden-Rynsch 2000, 243ff.

[104] Ebd., 6.

[105] Ebd.

[106] Ebd., 44.

[107] Ebd., 40f.

[108] Ebd., 39.

[109] Harless 1830, 162.

[110] Heyden-Rynsch 2000, 180.

[111] Krätz 1990, 35.

[112] Siehe hierzu vor allem: Susanna Åkerman. Christina of Sweden (1626-1689), the Porta Magica and the Italian poets of the Golden and Rosy Cross. http://www.alchemywebsite.com/queen_christina.html, 20.12.2013.

[113] Übersetzung nach Buckley 2004, 392.

[114] Im Folgenden siehe Susanna Åkerman, a.a.O.

[115] Neuauflagen der zweiten Ausgabe erschienen in den Jahren 1565, 1574, 1584, 1588, 1595, 1603, 1614, 1619, 1625, 1642, 1662, 1665 und 1677.

[116] 1592, 1593 sowie zwei Auflagen in Frankfurt und Hamburg im Jahre 1596. Die bibliografischen Angaben orientieren sich vor allem an den Daten aus dem www.worldcat.org vom 10.01.2014.

[117] Cortese 1596, 49, 53, 59, 86 und 88.

[118] Ebd., 26f.

[119] Lesage 1993, 157.

[120] Bayer 2007, 369.

[121] 1559 wurde ein erster Teil, 1561 ein zweiter Teil der Rezepte veröffentlicht. Vgl. bibliografische Angaben bei www.worldcat.org vom 10.01.2014.

[122] Lesage 1993, 162.

[123] Lesage 1993, 164 nennt verschiedene konkrete Beispiele für die Textunterschiede.

[124] Rizzardini 2010.

[125] Lesage 1993, 166.

[126] Vgl. auch Bayer 2007, 370.

[127] Cortese 1596.

[128] Cortese 1596, 24f.

[129] Ebd., 25.

[130] Ebd., 29.

[131] Im italienischen Originaltext heißt es „Olmuz".

[132] Lesage 1993, 165.

[133] Tosi 1997, 100 und Tosi 2001, 70.

[134] Die deutschen Ausgaben erschienen 1673, 1676, 1689, 1712, 1731 und 1738.

[135] Tosi 1997, 100.

[136] Meurdrac 1712, 10ff.

[137] Ebd., Titelblatt.

[138] Goldsmith 1995, 18 und Tosi 2001, 69.

[139] Harless 1830, 173 und Schönfeld 1947, 107.

[140] Tosi 2001, 69.

[141] Ebd.

[142] Ebd., 74ff.

[143] Meurdrac 1712, 50f.

[144] Meurdrac 1712, Vorrede.

[145] Tosi 2001, 72f.

[146] Meurdrac 1712, Vorrede.

[147] Ebd.

[148] Ebd.

[149] So auch Tosi 2001, 80.

[150] Siehe Bayer 2005 und 2007, Fletcher 1999 und Gordon 2013. In diesen Publikationen finden sich auch Hinweise auf weitere Veröffentlichungen.

[151] Walpole 1806. 175f.

[152] Bayer 2005, 271.

[153] Bayer 2007, 372.

[154] Bayer 2005, 275.

[155] Bayer 2007, 377.

[156] Übersetzungen nach ebd., 377.

[157] Ebd., 377f.

[158] Ebd., 379.

[159] Bayer 2005, 272.

[160] „A mystical treatise of occult philosophy or the philosopher`s stone addressed to a lady". Zitat nach ebd., 280.

[161] Zu den biographischen Angaben siehe Ballard 1752, 259-264, Hannay 1997 und Walpole 1806, 199ff.

[162] Ballard 1752, 259.

[163] Hannay 1997, 111ff.

[164] Ebd., 113.

[165] So überliefert Aubrey. Siehe ebd., 114.

[166] Ebd., 119.

[167] Zu Madame de la Martinville siehe im Folgenden Bayer 2007 und vor allem Bayer 2010.

[168] Zu Jeanne du Port siehe Bayer 2010.

[169] Bayer 2010, 175.

[170] Ebd., 179.

[171] Gobet 1779, 261.

[172] Figuier 1860, 271.

[173] Gobet 1779, 261.

[174] Figuier 1860, 271. Ogilvie/Harvey, 244f. geben das Jahr 1601 für die Vermählung an.

[175] Ebd., 300ff., zitiert nach S. 302.

[176] Figuier 1860, 272.

[177] Gobet 1779, 262.

[178] Bertereau 1640, 44ff.

[179] Ebd., 273.

[180] Gobet 1779, 264f und Michaud 1834, 419.

[181] Der Aufsatz erschien unter dem Titel „Veritable declaration faite au roy et a nos seigneurs de son Conseil, des riches, & inestimables thresors, nouvellement descouverts dans le royaume de France. Présentée à Sa Majesté, Par la baronne de Beausoleil" sowie im gleichen Jahr erneut mit der Autorenbezeichnung „par illustre dame Martine de Bertereau, baronne de Beau-Soleil".

[182] Übersetzung nach Bertereau 1640, 53f.

[183] Figuier 1860, 299ff.

[184] Ebd.

[185] Seine Briefe aus dieser Zeit wurden 1744 unter dem Titel „Lettres chretiennes et spirituelles de messire Jean du Verger de Havranne, abbé de S. Cyran, qui n'ont point encore été imprimées jusqu'à présent" veröffentlicht.

[186] Schütt 2000, 337ff.

[187] Ebd.

[188] Flamel 1751, 34f.

[189] Dixon 1994, XVIff.

[190] Im Folgenden siehe Flamel 1751, 27f.

[191] Ebd., 34f.

[192] Ebd., 35.

[193] Ebd., 36.

[194] Michaud 1816, 11.

[195] Beispielsweise Richebourg 1741, LXVI oder auch Barrett 1815, 40.

[196] Flamel 1751, 36.

[197] Im Folgenden siehe Frize 2009, 63ff.

[198] Ebd.

[199] Christianson 2003, 255.

[200] Im Folgenden ebd., 259f.

[201] Inhaltsangabe nach dem lateinischen Originaltext, abgedruckt in Zeeberg 1994, 171.

[202] Im Folgenden siehe Schackelford 2004, 80, FN 67.

[203] Ebd., 81, FN 68.

[204] Über Live Larsdatter siehe Schackelford 2004, 80, FN 67, Christianson 2003, 281 und Petersen 1855, 237.

[205] Grell 1998, 261.

[206] Dickson 2001, xviii.

[207] Ebd.

[208] Ebd.

[209] Ebd., xxiv.

[210] Siehe Priesner/Figala 1998, 364.

[211] Ebd.

[212] Ebd.

[213] Dickson 2001, xxv.

[214] Ebd.

[215] Ebd., xxvii.

[216] Philaletha 1749, 136.

[217] ODNB 2004/30, 574.

[218] Hunter 1997, 180.

[219] Ebd., 181.

[220] Ebd.

[221] Ebd., 182.

[222] Übersetzung nach Fell Smith 1901, 37.

[223] Hunter 1997, 179.

[224] Ebd., 186.

[225] Ebd.

[226] Ebd., 191.

[227] Boas 1968, 12f.

[228] Kirchenbücher von Rennes, GGSTPS 1, der Franc ° 169. Marie wurde am 28. März 1621 in der Kirche Saint-Pierre en Saint-Georges getauft. Angaben nach Bouthier 2009.

[229] Funck-Brentano 1901, 137.

[230] Bouthier 2009 und Ravaisson 1872, 55f. Gedankt sei Catherine Russell für ihre Literaturhinweise über Marie de Bachimont.

[231] Ebd.

[232] Bouthier 2009.

[233] Ebd.

[234] Ebd.

[235] Funck-Brentano 1901, 137.

[236] Ebd., 138.

[237] Ebd., 141f.

[238] Bouthier 2009.

[239] Ebd.

[240] Funck-Brentano 1901, 141f.

[241] Bouthier 2009.

[242] Somerset 2006, 381f.

[243] Siehe z.B. Ravaisson 1872, 44-58.

[244] Angaben nach http://www.online-ofb.de/ famreport.php?ofb=NLF&lang=de&modus =&ID=I380212 &nachname =HELLWIG, 14.05.2014.

[245] Im Folgenden siehe Zedler 1735, Bd. 12, Sp. 1291ff.

[246] Paullini 1712, 76.

[247] Ebd.

[248] Harless 1830, 174.

[249] Im Folgenden siehe Dechent 1896, 79ff. und Lüders 1979.

[250] Ebd.

[251] Dechent 1896, 143ff.

[252] Ebd., 154f.

[253] Ebd., 160.

[254] Ebd., 185f.

[255] Zitat nach Ebd., 203f.

[256] Lüders 1979.

[257] Goethe 1993, Zweiter Teil, Achtes Buch, 95.

[258] Ebd., 96.

[259] Im Folgenden siehe Kopp 1886, 1. Theil, 174ff. und Beytrag 1785, 417ff.

[260] Beytrag 1785, 439.

[261] Krätz 2004, 101.

[262] Zitat nach Schütt 2000, 509.

[263] Siehe Dechent 1896.

[264] Zu den biographischen Angaben siehe Rhamm 1883, 5, 13 und 70 sowie Hagena 2006.

[265] Rhamm 1883, 13.

[266] Ebd., 6.

[267] Ebd., 11.

[268] Ebd., 20.

[269] Ebd., 70.

[270] Ebd., 13f.

[271] Ebd., 40.

[272] Ebd., 33.

[273] Ebd., 43.

[274] Ebd., 46.

[275] Ebd., 47ff.

[276] Ebd., 58.

[277] Nummedal 2001, 56.

[278] Rhamm 1883, 16.

[279] Ebd., 17.

[280] Nummedal 2001, 59.

[281] Rhamm 1883, 27.

[282] Nummedal 2001, 56 sowie Rhamm 1883, 26 u. a.

[283] Ausführlich dazu siehe Rhamm 1883, 81 FN 54.

[284] Wegener 2006, 128.

[285] Zimmermann 1790, 210f.

[286] Ebd.

[287] Wegener 2006 nennt 1751 als das Jahr ihres Erscheinens beim König, den Briefen Friedrichs an Fredersdorf zufolge handelt es sich aber um das Jahr 1753 (Schwendt 2009, 11f). Die Namen Pfuel und Nothnagel werden in unterschiedlichen Quellen erwähnt, weshalb nicht ganz sicher ist, dass beide Personen identisch sind. Angesichts der Ähnlichkeit der geschilderten Ereignisse ist aber davon auszugehen.

[288] Federmann 1964, 299 und Schwendt 2009, 11.

[289] Zitiert nach Schwendt 2009, 12.

[290] Zimmermann 1790, 211.

[291] Ebd.

[292] Federmann 1964, 300.

[293] Im Folgenden siehe Justi 1761, 421ff. und Schmieder 1832, 548f

[294] Justi 1761, 422.

[295] Ebd., 425.

[296] Lichtenberg 1785, 155f. Siehe auch Crell 1785, 478f.

[297] Lichtenberg 1785, 156.

[298] Ebd.

[299] Ebd.

[300] Schmieder 1832, 547. Opus mulierum (lat.) = Frauenarbeit.

[301] Im Folgenden siehe Justi 1761, 439ff, Schmieder 1832, und Soukup 2007, 504ff.

[302] Schmieder 1832, 529.

[303] Ebd.

[304] E.H. 1702.

[305] Ebd., 7.

[306] Ebd., 27.

[307] Ebd., 44.

[308] Ebd., 32.

[309] Ebd., 12f.

[310] Ebd., S. 38ff.

[311] Ebd., S. 43.

[312] Vgl. hierzu vor allem Gebelein 2000, 105ff.

[313] Der vollständige Titel lautet: Sonnenblume der Weisen, das ist: Eine helle und klare Vorstellung der Praeparirung dess Philosophischen Steins, neben Bestraffung derjenigen welche sich ohne Grund hierinnen bemühen. Wie auch eine Wohlmeinende Warnung in was vor Materien man sich hierinnen zu hüten, indem die Authorin ihre selbsteigene Thorheiten, so sie in ungegründeten Arbeiten begangen, aller Welt vor Augen stellet. Zum offentlichen Druck verfertiget und an das Tagesliecht gebracht von Leona Constantia in Afflictionibus triumphante.

[314] Da die erste Auflage nicht greifbar war, wurde im Folgenden auf diese Ausgabe des Textes zurückgegriffen.

[315] Sonnenblume 1749, 9.

[316] Ebd., 10.

[317] Ebd.

[318] Ebd., 39.

[319] Ebd., 40.

[320] Ebd., 41.

[321] Ebd., 43.

[322] Ebd., 50 und 51.

[323] Ebd., 37.

[324] Ebd., 38.

[325] Hermetisches A.B.C. 1778, S. 172 und Ferguson 1906, 13f.

[326] J.P.M.D. 1779, 3 und Titelblatt.

[327] Siehe Jung 1991, 131.

[328] Gmelin 1798, Band 2, 325.

[329] Georgi an Henkel am 27. April 1722. In: Henkel 1794, 187.

[330] Georgi an Henkel am 15. Mai 1723. In: Ebd., 188f.

[331] Meister 1784, 358f.

[332] Indirekt wird ihr eine weitere Schrift mit dem Titel *Grosser Universal-Proceß* zugewiesen. Dem Titelblatt der 1738 erschienen Ausgabe zufolge hat D.I.W. den Prozeß „*einem Amtmann, bey dem er logiret, und es selbst elaboriret*" geschildert, der ihn dann aufgeschrieben hat. Da D.I.W. hier aber ausdrücklich als „er" bezeichnet wird und außerdem nicht nur Das mineralische Gluten verfasst hat, das dort aber singulär erwähnt wird, ist eher eine missbräuchliche Verwendung ihrer Initialen zu vermuten. Zum genauen Titel siehe (Wallich) 1738.

[333] Corvinus 1739, Sp. 1699.

[334] Zedler 1747, Band 52, Sp. 1107.

[335] Beytrag 1785, 649 und 660 sowie Gmelin 1798, 320.

[336] Schacher 1738, 51 und Fictuld 1753, 145ff.

[337] Fictuld 1753, 145-147.

[338] Harless 1830, 176.

[339] Schmieder 1832, 513.

[340] Wiegleb 1781, 138.

[341] Ebd.

[342] So beispielsweise in der Bayerischen Staatsbibliothek München.

Und in der Sächsischen Landesbibliothek Dresden. In letzterer findet sich auf einem Exemplar der Erstausgabe von Schlüssel zu dem Cabinet sogar ein handschriftlicher Vermerk auf dem Titelblatt, dass es sich bei dem Autor um „Waizen" handelt.

[343] Schmidt 1706, (126)f.

[344] Stahl an Henkel am 27.11.1728. In: Henkel 1795, 99.

[345] Stahl 1718, 249 und 252.

[346] Siehe hierzu beispielsweise: Karlheinz Fischer, Vom Werden der Chemie. Lehrmaterial zur Ausbildung von Diplomlehrern Chemie. Potsdam 1987.

[347] Stahl an Henkel am 27.11.1728. In: Henkel 1795, 99f.

[348] Wallich 1706, z.B. 47-53 etc.

[349] Wallich 1705a, (76).

[350] Fictuld 1753, 145.

[351] Vgl. u. a. Müller 1700, 532, 547, 550 und 583 sowie Huschke 1980, 1346.

[352] Fictuld 1753, 145.

[353] Stahl an Henkel am 27.11.1728. In: Henkel 1795, 99f.

[354] Ebd.

[355] Schmidt 1706, (127).

[356] Schacher 1738, 51.

[357] Gebelein 2000, 19.

[358] Siehe dazu Fischer 2001, 85f.

[359] Goethe: Faust. Der Tragödie zweiter Teil. Erster Akt, Lustgarten (Vortrag des Kanzlers).

[360] Fischer 2001, 85.

[361] Kühlmann/Vollhardt 2002, 224.

[362] Ebd., 4f.

[363] Ebd., 6.

[364] Sternbucta 1779, 7.

[365] Ebd., 8.

[366] Ebd.

[367] Ebd., 10.

[368] Ebd., 12.

[369] Ebd.

[370] Ebd., 1779, 14.

[371] Stuart de Chevalier 1781, 79ff.

[372] Chevalier/Stuart de Chevalier 1765.

[373] Chevalier 1784, Avertissement.

[374] Stuart de Chevalier 1781a, Explication, i.

[375] Stuart de Chevalier 1781b, 64f.

[376] Im Folgenden siehe Jung 1991, 131.

[377] Merkur 1993, 56.

[378] Pert 2006, 154.

[379] Goodrick-Clarke 2013, 292.